[MindSpore计算与应用丛书]

MindSpore
大语言模型实战

陈 雷 ◎ 编著

人民邮电出版社

北京

图书在版编目（CIP）数据

MindSpore 大语言模型实战 / 陈雷编著. -- 北京：人民邮电出版社, 2024. -- ISBN 978-7-115-64440-4

Ⅰ. TP391

中国国家版本馆 CIP 数据核字第 2024S3L184 号

内 容 提 要

随着 ChatGPT 等大语言模型的迅速发展，大语言模型已经成为人工智能领域发展的快车道，不同领域涌现出各种强大的新模型。开发者想要独立构建、部署符合自身需求的大语言模型，需要理解大语言模型的实现框架和基本原理。

本书梳理大语言模型的发展，首先介绍 Transformer 模型的基本原理、结构和模块及在 NLP 任务中的应用；然后介绍由只编码（Encoder-Only）到只解码（Decoder-Only）的技术路线发展过程中对应的 BERT、GPT 等大语言模型；接下来介绍大语言模型在部署、训练、调优过程中涉及的各种关键技术，如自动并行、预训练与微调、RLHF 等，并提供相应的实践指导；最后以开源大语言模型 BLOOM 和 LLaMA 为样例，介绍其架构和实现过程，帮助读者理解并构建、部署自己的大语言模型。本书还提供了基于 MindSpore 框架的丰富样例代码。

本书适合人工智能、智能科学与技术、计算机科学与技术、电子信息工程、自动化等专业的本科生和研究生阅读，同时也为从事大语言模型相关工作的软件开发工程师和科研人员提供翔实的参考资料。

◆ 编　著　陈　雷
　　责任编辑　邓昱洲
　　责任印制　马振武

◆ 人民邮电出版社出版发行　北京市丰台区成寿寺路 11 号
　　邮编 100164　电子邮件 315@ptpress.com.cn
　　网址 https://www.ptpress.com.cn
　　固安县铭成印刷有限公司印刷

◆ 开本：787×1092　1/16

印张：11　　　　　　　　　　　2024 年 10 月第 1 版

字数：190 千字　　　　　　　　2025 年 3 月河北第 6 次印刷

著作权合同登记号　图字：01-2024-1494 号

定价：59.80 元

读者服务热线：(010)81055410　印装质量热线：(010)81055316

反盗版热线：(010)81055315

专家推荐

在人工智能技术迅猛发展的今天,《MindSpore 大语言模型实战》一书犹如一盏明灯,照亮了实践之路。这本书不仅深入解析了大语言模型的技术原理,还详尽阐述了 MindSpore 框架在大语言模型实战中的应用,内容全面、条理分明。无论是学术研究者还是企业工程师,都能从中汲取宝贵的知识和灵感。这本书结合理论与实践,回顾了大语言模型的发展历程,展示了成功案例,并特别强调了 MindSpore 在大语言模型实战中的独特优势,如自动并行和分布式训练解决方案等方面。

这本书强调实战应用,提供了丰富的实战案例和代码示例,助力读者在实践中掌握构建和优化大语言模型的关键技术。这些案例涵盖了自然语言处理、图像生成、语音识别等多个领域,为读者提供了全面而深入的技术指导。

阅读本书,读者将深刻理解并熟练掌握大语言模型的核心原理和应用方法,并能够运用 MindSpore 框架高效进行大语言模型训练和部署。对于从事人工智能、深度学习研究的学者、科研人员,以及工业界的大语言模型应用工程师和开发者来说,这本书是一份极具实用价值的参考资料。

清华大学讲席教授、基础模型研究中心主任,ACM/IEEE/AAAI/CCF 会士 唐杰

《MindSpore 大语言模型实战》深入探讨了大语言模型的实践应用,并详尽解析了 MindSpore 框架在大语言模型应用中的创新亮点,为读者提供了丰富的理论知识与实用的案例分析。本书结构清晰、代码示例详尽,为读者揭示了大语言模型背后的技术奥秘。在自然语言处理、图像生成和语音识别等领域的实践应用中,MindSpore 框架展现出了卓越的自动并行能力和分布式训练特性,极大地提升了大语言模型实践的效率和便捷性。

本书不仅适合从事人工智能和深度学习研究的学者与科研人员阅读，也为工业界的大语言模型应用工程师和开发者提供了宝贵的参考。无论是初学者还是有经验的专业人士，都能从本书中获得启发，更好地应对大语言模型实践中的挑战。

我诚挚推荐这本书，它不仅是一部关于大语言模型的全面指南，更是激发创新思维和推动 AI 技术进步的重要资源。希望它能成为您探索和使用大语言模型的得力助手，共同推动人工智能领域的发展与创新。

北京大学计算机学院副院长，IEEE 会士　崔斌

在大语言模型风起云涌的背景下，陈雷教授精心编著《MindSpore 大语言模型实战》，展示了他在人工智能领域的深厚造诣和卓越的实践能力。这本书不仅深度探讨了大语言模型的技术奥秘，更详细地解析了 MindSpore 框架在大语言模型实践中的创新应用，为读者提供了宝贵的知识和实践指导。

无论是对大语言模型充满好奇的初学者，还是在相关领域深耕多年的研究人员和工程师，都能从本书中汲取知识、获得灵感。本书以其清晰的理论讲解、详尽的案例分析和实用的代码示例，帮助读者在大语言模型领域取得更为显著的成就。

中国科学技术大学计算机科学技术学院执行院长，ACM/IEEE 会士　李向阳

丛书序

在当今信息时代，深度学习和大语言模型等人工智能技术正在对整个社会产生深远的影响，经济、科技到生活的方方面面都得以革新和提升。这种革新不仅是技术上的进步，更是对人类社会发展的重大推动。

其中，深度学习和大语言模型的兴起为社会带来了前所未有的智能化革命。

通过深度学习技术，计算机能够模仿人类的认知过程，从而完成图像识别、语音识别、自然语言处理等复杂任务。这使得各行各业都能够利用人工智能技术实现效率提升和创新突破。人工智能技术为社会的可持续发展提供了巨大的助力。

大语言模型的兴起正在改变人工智能领域的面貌和应用场景。随着大语言模型的不断成熟和发展，人工智能系统的处理能力和智能水平显著提升。这为自然语言处理、推荐系统、医疗健康等领域的应用带来了更广阔的前景和更深层次的变革，推动了人工智能技术的深度融合和广泛应用。

在经济领域，深度学习和大语言模型将推动产业结构优化和经济增长模式的转变，通过智能化的生产、管理和服务，提高资源利用效率和经济效益，助力经济发展进入新的增长阶段。在科技领域，深度学习和大语言模型将推动科学研究和技术创新的突破，通过挖掘大数据的潜力、提高智能算法的能力，推动科技领域的前沿研究和应用创新，为人类社会带来更多的科技成果和福祉。

正是在这样的背景下，"MindSpore 计算与应用丛书"深入探讨了 MindSpore 框架在深度学习、大语言模型和科学计算领域的原理、方法及应用，为读者提供更加系统、全面的学习和实践指导，通过对数据处理、网络构建、分布式并行、性能优化等关键技术的详细介绍，帮助读者深入理解深度学习和大语言模型的核心思想和实现方法，从而将其更好地应用于实际项目和科学研究中。本丛书还整理了丰富的实例代码和案例分析，为读者提供丰富的实践经验和应用指导，帮助读者在人工智能领域取得更大的成就和发展。"MindSpore 计算与应用丛书"的出版将有助于推动人工智能技术在各个领域的创新和应用，促进社会的智能化进程和科技发展，为构建智慧社会做出更大的贡献。

陈雷
2024 年 9 月

前言

在当今科技迅速发展的时代,以ChatGPT为代表的大语言模型(Large Language Model)在通用人工智能(Artificial General Intelligence,AGI)领域掀起了一股前所未有的浪潮。大语言模型不仅在学术界引起了广泛的关注,更在工业界掀起了"千模大战"的风暴。ChatGPT等大语言模型不仅令人印象深刻,更让人们对人工智能的未来充满了期待。但这也引发了一个问题:究竟是什么样的高级技术让这些大语言模型如此成功,不断刷新着人们对人工智能的认知?

正是在这一背景下,《MindSpore大语言模型实战》一书应运而生。本书致力于深度探讨大语言模型的实践,以及如何利用MindSpore在大语言模型的实践中取得显著的成就。本书基于大语言模型在人工智能领域的不断发展,为读者揭示大语言模型背后的技术和奥秘,以及MindSpore在大语言模型实践中的创新应用。

大语言模型:AGI的里程碑

近年来,以ChatGPT为代表的大语言模型如雨后春笋般涌现,成为人工智能领域的焦点。这些大语言模型通过深度学习技术,尤其是引入的Transformer模型,展现了其在自然语言处理任务上的卓越能力。在"千模大战"中,大语言模型可以完成对话、翻译、生成等任务,它们几乎无所不能,引发了广泛的讨论和关注。

这些大语言模型的成功标志着人工智能领域朝着实现AGI的目标迈出了重要一步。它们不仅在理解语言、生成文本等领域展现出了超越以往工具的能力,还推动整个人工智能领域进入了一个新的阶段。然而,这一切的背后究竟实现了怎样的技术突破和创新?这是工业界和学术界都关心的话题。

MindSpore:大语言模型实践的利器

在大语言模型实践中,框架的选择至关重要。MindSpore作为一款全场景人工智能框架,为大语言模型的构建和应用提供了全新的视角。它强大的自动并行能力、支持分布式训练范式的特性,使其在大语言模型实践中脱颖而出。

MindSpore 不仅是一个用于训练大语言模型的工具，还是一个全方位的人工智能解决方案。它为大语言模型提供了灵活的构建和部署方式，同时充分发挥了分布式计算的优势，为用户提供了高效、便捷的大语言模型实践体验。本书将深入剖析 MindSpore 在大语言模型实践中的关键作用，揭示其独特之处，以及 MindSpore 如何与大语言模型相得益彰。

本书内容：深度挖掘大语言模型

本书旨在深度挖掘大语言模型。首先，本书追溯大语言模型的发展历程，剖析它们在各领域的成功案例，并深入解析它们背后的工作原理。通过理论介绍，读者将对大语言模型的演进和突破有更为清晰的认识。

其次，本书重点关注 MindSpore，解析其在大语言模型实践中的独特之处。本书将深入探讨其自动并行能力、分布式训练解决方案，以及与大语言模型协同工作的关键技术。这将有助于读者全面了解 MindSpore 在大语言模型实践中的创新应用。

最后，本书聚焦大语言模型在不同领域（包括自然语言处理、图像生成、语音识别等）的实践。通过深入的案例分析，本书揭示了 MindSpore 如何为这些领域的大语言模型提供高效的支持，从而帮助读者更好地将大语言模型应用于实际问题中。

为了让读者更好地学习和理解相关内容，本书提供了基于 MindSpore 实现的大语言模型实践的样例代码。这些样例代码将帮助读者逐步掌握大语言模型的构建方法和 MindSpore 应用的核心技术。

读者对象：大语言模型的实践者

本书适用于广泛的读者群体，包括人工智能、智能科学与技术、计算机科学与技术、电子信息工程、自动化等专业的本科生和研究生，也适合从事大语言模型相关工作的软件开发工程师和科研人员阅读。无论是初学者还是经验丰富的专业人士，都能从本书中汲取丰富的知识，激发创新思维，更好地应对大语言模型实践中的挑战。

未来展望：共同构建人工智能的未来

欢迎更多有志之士一起走上大语言模型的实践和 MindSpore 的应用之路。随着人工智能技术的不断进步，大语言模型将继续引领人工智能的发展，而 MindSpore 作为其关键的技术支持，将在未来发挥更为重要的作用。通过阅读本书，读者不仅会对大语言模型的实践有更深刻的理解，而且能够更加熟练地运用 MindSpore，参与构建人工智能的未来。让我们携手迈入这个充满创新与探索的时代，为人工智能的发展贡献我们的力量。

目录

第 1 章 大语言模型的发展 ··· 001
1.1 人工智能的发展阶段 ··· 002
1.2 从深度学习到大语言模型 ··· 004

第 2 章 Transformer 模型 ··· 006
2.1 Transformer 模型的基本原理 ··· 007
2.1.1 注意力机制 ··· 007
2.1.2 自注意力机制 ··· 010
2.1.3 多头注意力机制 ··· 011
2.2 Transformer 模型的结构和模块 ··· 013
2.2.1 位置编码 ··· 014
2.2.2 编码器 ··· 016
2.2.3 解码器 ··· 020
2.2.4 模型代码 ··· 024
2.3 Transformer 模型在 NLP 任务中的应用 ··· 025
2.4 使用 MindSpore 实现基于 Transformer 模型的文本机器翻译模型 ··· 026
2.4.1 数据集准备与数据预处理 ··· 026
2.4.2 模型构建 ··· 033
2.4.3 模型训练与评估 ··· 034
2.4.4 模型推理 ··· 037
2.5 参考文献 ··· 040

第 3 章　BERT 实践 ··· 041

3.1　BERT 基本原理 ·· 042
3.2　BERT 结构 ··· 043
3.3　BERT 预训练 ··· 045
3.4　BERT 微调 ·· 046
3.5　使用 MindSpore 实现数据并行的 BERT 预训练 ················ 047
3.6　参考文献 ··· 050

第 4 章　GPT 实践 ··· 051

4.1　GPT 基本原理 ··· 052
4.2　GPT 训练框架 ··· 053
4.2.1　无监督预训练 ··· 054
4.2.2　有监督微调 ··· 054
4.2.3　GPT 下游任务及模型输入 ································ 055
4.3　使用 MindSpore 实现 GPT 的微调 ····························· 056
4.3.1　数据预处理 ··· 056
4.3.2　模型定义 ··· 059
4.3.3　模型训练 ··· 066
4.3.4　模型评估 ··· 067
4.4　参考文献 ··· 067

第 5 章　GPT-2 实践 ··· 068

5.1　GPT-2 的基本原理 ··· 069
5.2　GPT-2 的技术创新与改进 ······································ 070
5.3　GPT-2 的优缺点 ··· 071

5.4	使用 MindSpore 实现 GPT-2 的微调	072
5.5	参考文献	076

第 6 章 自动并行 077

- 6.1 数据并行原理 078
- 6.2 算子并行原理 080
- 6.3 优化器并行原理 082
  - 6.3.1 背景及意义 082
  - 6.3.2 基本原理 083
- 6.4 流水线并行原理 085
  - 6.4.1 背景及意义 085
  - 6.4.2 基本原理 085
- 6.5 MoE 并行原理 086
  - 6.5.1 背景及意义 086
  - 6.5.2 算法原理 088
- 6.6 自动并行策略搜索 089
  - 6.6.1 策略搜索定位 090
  - 6.6.2 策略搜索算法 091
  - 6.6.3 MindSpore 实践 092
- 6.7 异构计算 092
  - 6.7.1 计算流程 092
  - 6.7.2 优化器异构 093
  - 6.7.3 词表异构 094
  - 6.7.4 参数服务器异构 095
  - 6.7.5 多层存储 096
- 6.8 大语言模型性能分析 097
  - 6.8.1 缩短单个模块耗时 097

6.8.2　提高不同模块任务间的并行度 …………………………………………… 097

6.9　MindFormers 接口 ……………………………………………………………… 099

　　6.9.1　准备工作 …………………………………………………………………… 099

　　6.9.2　Trainer 高阶接口快速入门 ………………………………………………… 099

　　6.9.3　Pipeline 推理接口快速入门 ………………………………………………… 101

　　6.9.4　AutoClass 快速入门 ………………………………………………………… 101

　　6.9.5　Transformer 接口介绍 ……………………………………………………… 102

6.10　参考文献 ………………………………………………………………………… 103

第 7 章　大语言模型预训练与微调 ………………………………………………… 106

7.1　预训练大语言模型代码生成 …………………………………………………… 107

　　7.1.1　多语言代码生成模型 CodeGeeX ………………………………………… 107

　　7.1.2　多语言代码生成基准 HumanEval-X ……………………………………… 109

7.2　提示调优 ………………………………………………………………………… 111

　　7.2.1　提示流程 ……………………………………………………………………… 111

　　7.2.2　提示模板 ……………………………………………………………………… 114

　　7.2.3　优缺点分析 …………………………………………………………………… 115

7.3　指令调优 ………………………………………………………………………… 116

　　7.3.1　基本流程 ……………………………………………………………………… 116

　　7.3.2　指令模板 ……………………………………………………………………… 117

　　7.3.3　优缺点分析 …………………………………………………………………… 118

7.4　参考文献 ………………………………………………………………………… 119

第 8 章　基于人类反馈的强化学习 ………………………………………………… 121

8.1　基本原理 ………………………………………………………………………… 122

8.2　强化学习 ………………………………………………………………………… 122

　　8.2.1　核心思想 ……………………………………………………………………… 122

	8.2.2 关键元素	123
	8.2.3 策略与价值函数	123
	8.2.4 PPO 算法	124
8.3	InstructGPT 和 ChatGPT 中的 RLHF	126
	8.3.1 训练流程	126
	8.3.2 训练任务	127
	8.3.3 模型效果	128
8.4	优缺点分析	129
8.5	参考文献	130

第 9 章 BLOOM 和 LLaMA 模型实践 ... 131

9.1	BLOOM 介绍	132
	9.1.1 模型结构	132
	9.1.2 预训练数据集	134
9.2	BLOOM 实现	136
	9.2.1 BLOOM 架构实现	136
	9.2.2 BLOOM 总结	142
9.3	基于 BLOOM 的微调	142
	9.3.1 数据集准备	142
	9.3.2 Checkpoint 转换	142
	9.3.3 生成集群通信表	143
	9.3.4 启动预训练或微调	143
	9.3.5 微调后的对话效果	144
9.4	LLaMA 模型介绍	148
	9.4.1 模型结构	148
	9.4.2 预训练	152
	9.4.3 SFT 与 RLHF	152

9.5 LLaMA 模型实现 · 153
　　9.5.1 LLaMA 模型模块实现 · 153
　　9.5.2 LLaMA 模型结构实现 · 155
9.6 基于 LLaMA 模型的微调 · 159
　　9.6.1 数据集准备 · 159
　　9.6.2 ckpt 转换 · 159
　　9.6.3 生成集群通信表 · 159
　　9.6.4 启动微调 · 160
　　9.6.5 微调效果 · 160
9.7 参考文献 · 161

第 1 章　大语言模型的发展

当前人工智能进入"大语言模型（Large Language Model）时代"，人工智能由重复、手工作坊式的开发，即"1000个应用场景就有1000个小模型"的零散、低效局面，走向工业化、集成化智能的全新路径。一个大语言模型"走天下"的模式为AGI带来曙光。手工作坊式的开发消耗大量资源，成本更高，且效率低下。未来人工智能在各垂直领域落地时，只需要基于一个大语言模型，对其参数进行微调即可，这样就打造出了AGI。大语言模型具备更强的泛化能力，可以适配多个场景，发展大语言模型也成为产、学、研各界的共识。

1.1 人工智能的发展阶段

人工智能从1956年被正式提出以来，经历了几十年的发展。在人工智能诞生初期，对其的研究主要分为3个流派，即逻辑演绎流派、类脑计算和归纳统计。其中，逻辑演绎方法局限性较强，难以对复杂的实际问题进行建模。类脑计算方法过多地依赖生命科学，而生命科学的发展难以满足人工智能的一般要求。进入21世纪，在大数据和大算力的支持下，归纳统计方法逐渐占据人工智能领域的主导地位，并且催生出一系列方法论和应用。

人工智能的主要发展阶段如下。

1. 孕育期（1943—1955年）

这个阶段的代表性成果主要包括Warren S. McCulloch和Walter Pitts提出的人工神经网络（Neural Network，NN）的视觉模型，以及Alan M. Turing设想的验证人工智能的思想实验（即图灵测试）。同时，1946年出现的通用计算机ENIAC也为人工智能的复杂演算提供了硬件支撑。

2. 第一次繁荣期（1956—1973年）

以1956年达特茅斯会议为标志，人工智能被正式提出并且其发展进入第一次繁荣期。基于逻辑演绎流派的人工智能算法解决了某些特定领域的问题（如证明数学定理），而基于亚符号系统的感知器算法也被提出并实现，甚至在1957年出现了专门用于模拟感知器的计算机Mark I。此时的研究者对于人工智能抱有不切实际的乐观幻想，包括Marvin L. Minsky（1969年图灵奖得主）和Herbert A. Simon（1975年图灵奖得主）在内的多名研究者，均预测人工智能面临的问题将在20年内获得彻底解决。以美国国防高级研究计划局（Defence Advanced Research Projects

Agency，DARPA）为代表的政府机构和大型企业，也为人工智能的研究注入了大量资金。

3. 第一次低谷期（1974—1980 年）

研究者们很快意识到了第一代人工智能算法的极限。1969 年，Marvin L. Minsky 发表著作 *Perceptrons*，几乎一手摧毁了联结主义（即人工神经网络）方面的研究；同时，基于逻辑演绎流派的人工智能算法也被证明需要指数级时间以解决大部分问题。随着 DARPA 等政府机构撤出大部分投资，人工智能领域也涌起一波反思浪潮，其中有代表性的是 James Lighthill 发表的《人工智能综述报告》和 John R. Searle 提出的"中文房间"问题。

4. 第二次繁荣期（1981—1987 年）

随着专家系统的出现和盛行，人工智能算法开始在特定领域内解决实际问题。例如，1975 年出现的 MYCIN 算法已经能够在医学领域完成血液传染病的诊断工作。同时，以 Hopfield 网络为代表的新型人工神经网络和由 David E. Rumelhart 发明的误差逆传播算法极大地扩大了人工神经网络的适用范围。1989 年，Yann LeCun（2018 年图灵奖得主）使用 5 层人工神经网络识别手写数字，该方法取得巨大成功并在 20 世纪 90 年代识别了美国超过 10% 的手写支票。以 DARPA 为代表的政府机构再次开展行动，使得 20 世纪 80 年代后半段在人工智能领域的投入资金比前半段增长了数倍。

5. 第二次低谷期（1988—1993 年）

然而，专家系统很快遇到了新的困境。研究者们发现，在特定领域中，面对未知或未定义的问题时，即使问题十分简单，专家系统也无法对其进行预测和控制。随着支持人工智能研究的资金再度锐减，研究者们再次开始反思，并且将思路逐渐从符号系统（如归纳演绎方法）转向亚符号系统（如统计学习方法）。这个阶段，研究者们开始认识到感知和交互的重要性，其中产生影响较大的观点包括 David Marr 在其著作 *Vision* 中提出的视觉理解模型和 Rodney A. Brooks 提出的"模型可有可无，世界即是描述自身最好的模型"等。

6. 第三次繁荣期（1994 年至今）

随着现代计算机的存储能力和算力不断增强，统计学习方法逐渐成为人工智能领域的绝对主流。在人工智能的各个领域，如计算机视觉、语音识别、自然语言处理等，手工设计的模型都逐渐被基于统计学习方法的模型所取代。从 2011 年开始，深度学习浪潮席卷人工智能领域，使人工智能终于在多个领域达到或超越了人类水平。人工智能发展的第三次繁荣期，也是历史上时间最长的一次繁荣期，至今仍未有结束的趋势。虽然许多本质问题尚未得到解决，但人工智能的诸多应用已经深刻地改变了人类社会。

1.2 从深度学习到大语言模型

值得一提的是，深度学习并未解决人工智能的本质问题。未来，业界很可能还要经历数次低潮与革新，方能实现真正的AGI。在此之前，虽然存在着关于强/弱人工智能的讨论和对科技奇异点的担忧，但业界的重心依然是人工智能算法的研发。

从早期阶段开始，人工智能就分为不同的流派。人工智能的先驱们不断探索和论证通向真正智能的崎岖道路。有趣的是，有影响力的三大流派（类脑计算流派、逻辑演绎流派、归纳统计流派）从人工智能创立之初便存在，时至今日人工智能也未由其中一派彻底统一。三大流派各有优劣势。类脑计算流派的目标最为宏远，但在未得到生命科学的支撑之前，难以取得实际应用。逻辑演绎流派的思考方式与人类相似，具有较强的可解释性。由于对数据和算力的依赖较少，逻辑演绎流派成为人工智能发展阶段中前两次繁荣期的主角。随着学术界对人工智能困难程度的理解逐渐加深，逻辑演绎流派的局限性被不断放大，并最终在第三次繁荣期中，逐渐让位于归纳统计流派的"暴力美学"。这种"抛弃人类先验，拥抱数据统计"的思想，在深度学习出现后被推向高峰。

值得强调的是，深度学习是时代的产物。如果没有大数据和大算力的支持，深度学习就不可能在3～5年占领人工智能的大部分领域。而随着人工智能模型的参数越来越多，训练所需的数据集规模也越来越大。为了适应巨大的参数量和数据集规模，研究者们提出了层次化建模和分散表示的思想，提升了复杂数据匹配的效率和精度，从而大大促进深度学习的发展。从技术的角度看，深度学习的核心是深度神经网络：通用的骨干网络配合具有特定目的的头部网络，使深度学习统一解决各个子领域内的不同问题。例如，在计算机视觉领域，彼此十分相似的深度神经网络已经成为图像分类、物体检测、实例分割、姿态估计等具体问题的通用框架；而在自然语言处理领域，一种被称为Transformer的模型也被大量使用，研究者们得以建立通用的语言模型。

然而，从本质上看，深度学习依然没有跳出统计学习的基本框架：特征抽取和模板匹配。相比于人类基于知识的推断，统计学习的方式无疑是低效的。在人工智能进入千行百业的大背景下，这种设计理念必将导致人工智能算法的通用性受限，因为对于任何新的概念乃至新的实体，算法都需要专门的训练数据来提供相关的信息，而在没有基础模型支撑的情况下，开发者们必须从头开始完成收集数据、训练模型、调试模型、优化部署等一系列操作。对于大部分人工智能开发者而言，这无疑是重大的挑战；同时，这也使得人工智能算法的开发成本居高不下，难以真正惠及细分行业和其中的企业，尤其是中小型企业。

预训练大语言模型是解决上述问题的有效手段。预训练大语言模型是深度学习时代的集大成者，其工作流程分为上游（模型预训练）和下游（模型微调）两个阶段。上游阶段主要负责收集大量数据，并且训练超大规模的神经网络，以高效地存储和理解这些数据；下游阶段则负责在不同场景中，利用相对较小的数据量和计算量，对模型进行微调，以达成特定的目的。

一方面，根据实践经验，在预训练大语言模型加持下的人工智能算法（包括计算机视觉、自然语言处理等领域的 AI 算法），相比于普通开发者从头搭建的算法，精度明显上升、数据量和计算成本明显下降，且开发难度大大降低。以计算机视觉领域的人工智能算法为例：在 100 张图像上训练基础物体检测算法，原本需要 8 块 GPU 运行 5 h、1 名开发者工作 1 周才能完成，而在预训练模型的加持下，只需要 1 块 GPU 运行 2 h，而且几乎不需要人力干预。综合算力、人力开销研判，上述案例的开发成本节约至原先的 10% 甚至 1%。

另一方面，对大语言模型的研究将有可能启发下一个通用计算模型。回顾历史，2011 年前后正是传统统计学习方法的鼎盛时期，在计算机视觉领域甚至出现了参数量超过 10 亿的词袋分类模型——即使在 2021 年，参数量超过 10 亿的计算机视觉模型也足以被称为大语言模型。然而，在 2012 年左右，深度神经网络仅用 6000 万个参数就彻底击败了词袋分类模型，引领计算机视觉发展至今。深度神经网络相较于词袋分类模型，本质上是在特征匹配效率上产生了突破；研究者们猜测，在大语言模型发展到一定程度时，会产生另一个维度的突破，从而使统计学习方法"进化"至下一阶段。目前看来，这个突破有可能产生于大语言模型与知识的结合。

综上所述，预训练大语言模型是现阶段人工智能的集大成者，代表了统计学习流派的较高成就。在新一代技术未出现前，它将是研究和开发人工智能的最强武器之一。

第 2 章　Transformer 模型

自然语言处理（Natural Language Processing，NLP）是人工智能领域的一个重要研究方向，旨在使计算机能够理解和处理人类语言。然而，传统的 NLP 方法在处理语言的复杂性和上下文依赖性方面存在一些局限性。为了克服这些局限性，一种名为 Transformer 的革命性模型由 Vaswani 等人在 2017 年发表的论文"Attention Is All You Need"中提出，并在 NLP 领域引起了广泛的关注和应用。传统的 NLP 方法主要依赖于循环神经网络（Recurrent Neural Network，RNN）和卷积神经网络（Convolutional Neural Network，CNN），这些方法在处理长距离依赖和上下文信息时存在一些困难。例如，在机器翻译任务中，当翻译一个词语时，传统 NLP 方法需要通过 RNN 或 CNN 逐步处理输入序列，并将先前的上下文信息传递给后续的处理单元。这种逐步处理的方式导致了计算效率低下和难以并行化的问题。Transformer 模型的出现彻底改变了传统 NLP 方法的序列处理方式。它采用了自注意力机制，使模型能够同时关注输入序列中的所有位置，并捕捉到全局的上下文信息。自注意力机制允许模型根据输入序列的不同部分之间的关系动态地分配不同的注意力权重。通过引入多头注意力机制和基于位置的前馈神经网络，Transformer 模型在处理自然语言任务时取得了显著的性能提升。

2.1 Transformer 模型的基本原理

Transformer 模型是一种基于自注意力机制的神经网络模型，它在处理 NLP 任务中取得了巨大成功。本节将深入探讨 Transformer 模型的基本原理，包括注意力机制、自注意力机制和多头注意力机制。

2.1.1 注意力机制

注意力（Attention）机制是深度学习中一个重要的模型组件，它允许模型集中关注输入序列的特定部分，从而更好地捕捉相关信息。这种机制在处理 NLP 任务时尤其有用，因为自然语言具有丰富的上下文和依赖关系。

在注意力机制中，有 3 个关键概念：查询（Query）、键（Key）和值（Value）。假设有一个将英语翻译为法语的机器翻译任务，该任务要将句子"I love cats"翻译为法语。我们使用基于注意力机制的模型进行翻译，其中注意力机制帮助模型关注与当前正在生成的法语单词最相关的英语部分。

①查询：在这个例子中，查询是当前解码器（Decoder）的隐藏状态或正在生成的法语单词的表示。它提供了一个指示模型需要关注哪些信息的信号。

②键：键是输入序列的表示，用于计算查询与输入序列的相似性。键帮助确定在给定上下文中输入序列的哪些部分是相关的。

③值：值是对输入序列的实际信息的表示。当计算注意力权重时，这些值将会被加权求和，从而形成最终的输出。

键和值都来自编码器（Encoder），编码器将英语句子转化为一系列特征向量。每个特征向量既是一个键，又是一个值。它们包含输入句子的语义和上下文信息。在注意力机制中，查询和键主要用于计算注意力权重，而值用于实际的信息传递和输出。

在文本翻译中，通常希望翻译后的句子与原始句子具有相同的意思。因此，在计算注意力权重时，查询一般与目标序列（即翻译后的句子）相关，而键与源序列（即翻译前的原始句子）相关。现在，让我们看看在生成法语单词时，注意力机制是如何工作的。假设要生成法语单词"j'aime"（我喜欢）。在这个时刻，解码器的查询表示正在生成"j'aime"单词。注意力机制会计算解码器的查询与编码器的每个键之间的相似度。相似度高的键对应的值将在注意力机制中得到更高的权重。这意味着模型会更关注与当前生成的法语单词最相关的英语部分。在这个例子中，注意力机制可能会给英语句子中的"love"和"cats"这两个键对应的值分配较高的权重。这意味着模型将更多地关注"love"和"cats"这两个英语单词对于翻译"j'aime"法语单词的贡献。通过对这些具有权重的值进行加权求和，模型得到一个上下文向量（Context Vector），其中包含与当前生成的法语单词相关的英语部分的信息。这个上下文向量将与解码器的其他输入结合，帮助生成下一个法语单词，直到完成整个翻译过程。

计算注意力权重即计算查询和键之间的相似度。常用的计算注意力权重的方法包括加性注意力（Additive Attention）和缩放点积注意力（Scaled Dot-Product Attention），本书主要介绍后者。从几何的角度来看，点积（Dot Product）表示一个向量在另一个向量方向上的投影。换句话说，点积反映了两个向量之间的相似度。为了消除查询（$Q \in \mathbb{R}^{n \times d_{model}}$）和键（$K \in \mathbb{R}^{m \times d_{model}}$）本身的"大小"对相似度计算的影响，需要对点积结果除以 $\sqrt{d_{model}}$ 进行缩放。

$$\text{AttentionScore}(\boldsymbol{Q}, \boldsymbol{K}) = \frac{\boldsymbol{Q}\boldsymbol{K}^{\text{T}}}{\sqrt{d_{\text{model}}}} \tag{2.1}$$

为了将相似度限制在 0 ~ 1，注意力机制将对除以 $\sqrt{d_{\text{model}}}$ 后的点积结果进行归一化处理。常见的方法是通过对除以 $\sqrt{d_{\text{model}}}$ 后的点积结果进行 softmax 操作，使注意力权重符合概率分布。

$$\text{Attention}(\boldsymbol{Q}, \boldsymbol{K}, \boldsymbol{V}) = \text{softmax}\left(\frac{\boldsymbol{Q}\boldsymbol{K}^{\text{T}}}{\sqrt{d_{\text{model}}}}\right)\boldsymbol{V} \tag{2.2}$$

代码 2.1 实现了缩放点积注意力的计算。调用代码 2.1 中的函数返回加权后的值（output）和注意力权重（attn）。

代码2.1　点积函数

```
import mindspore
from mindspore import nn
from mindspore import ops
from mindspore import Tensor
from mindspore import dtype as mstype

class ScaledDotProductAttention(nn.Cell):
    def __init__(self, dropout_p=0.):
        super().__init__()
        self.softmax = nn.Softmax()
        self.dropout = nn.Dropout(1-dropout_p)
        self.sqrt = ops.Sqrt()

    def construct(self, query, key, value, attn_mask=None):
        """scaled dot product attention"""
        # 计算scaling factor
        embed_size = query.shape[-1]
        scaling_factor = self.sqrt(Tensor(embed_size, mstype.float32))

        # 注意力权重计算
        # 计算查询和键之间的相似度，并除以scaling factor进行归一化
        attn = ops.matmul(query, key.swapaxes(-2, -1) / scaling_factor)

        # 注意力掩码机制
        if attn_mask is not None:
            attn = attn.masked_fill(attn_mask, -1e9)

        # softmax保证注意力权重范围为0~1
        attn = self.softmax(attn)
        # dropout
        attn = self.dropout(attn)
```

```
        # 对值进行加权
        output = ops.matmul(attn, value)

        return (output, attn)
```

在数据处理过程中,为了统一文本的长度,通常会使用占位符"<pad>"来填充一些较短的文本。例如,对于文本"Hello world!"可以进行填充操作,生成结果 <bos> Hello world ! <eos> <pad> <pad>。然而,这些填充占位符 <pad> 本身并不含有任何信息,因此注意力机制不应考虑它们。为了解决这个问题,注意力机制引入了注意力掩码的概念,用于标识输入序列中的 <pad> 位置,并确保在计算注意力权重的过程中将这些位置对应的注意力权重设置为 0。代码 2.2 实现了获取注意力掩码功能。

代码2.2　获取注意力掩码功能

```
def get_attn_pad_mask(seq_q, seq_k, pad_idx):
    """ 注意力掩码：识别输入序列中的 <pad> 占位符

    Args:
        seq_q (Tensor): query 序列, shape = [batch size, query len]
        seq_k (Tensor): key 序列, shape = [batch size, key len]
        pad_idx (Tensor): key 序列中的 <pad> 占位符对应的数字索引
    """
    batch_size, len_q = seq_q.shape
    batch_size, len_k = seq_k.shape

    # 如果输入序列中元素对应 <pad> 占位符，则元素所在位置在掩码中对应元素为 True
    # pad_attn_mask: [batch size, key len]
    pad_attn_mask = ops.equal(seq_k, pad_idx)

    # 增加额外的维度
    # pad_attn_mask: [batch size, 1, key len]
    pad_attn_mask = pad_attn_mask.expand_dims(1)
    # 将掩码广播到 [batch size, query len, key len]
    pad_attn_mask = ops.broadcast_to(pad_attn_mask, (batch_size, len_q, len_k))

    return pad_attn_mask
```

2.1.2　自注意力机制

自注意力(Self-Attention)机制是 Transformer 模型的核心组成部分,它允许模型根据输入序列的不同部分之间的关系动态地分配注意力权重。在自注意力机制中,每个输入元素(例如句子中的每个单词)都可以与其他输入元素交互,并且注意力权重的计算是自适应的。

自注意力机制专注于句子本身,以探索每个单词与周围单词的重要性。这样有助于厘清句子中的逻辑关系,例如代词的指代关系。举个例子,在句子"The animal didn't cross the street because it was too tired"中,"it"指代句子中的"The animal",因此自注意力机制会赋予"The"和"animal"对应的值更高的注意力权重。自注意力权重的计算仍然遵循式(2.2),不同之处在于自注意力机制的查询、键和值都指代句子本身,给定一个序列 $\boldsymbol{X} \in \mathbb{R}^{n \times d_{\text{model}}}$,序列长度为 n,维度为 d_{model},则 $\boldsymbol{Q}=\boldsymbol{K}=\boldsymbol{V}=\boldsymbol{X}$,自注意力机制计算公式为

$$\text{Self-Attention}(\boldsymbol{Q},\boldsymbol{K},\boldsymbol{V}) = \text{softmax}\left(\frac{\boldsymbol{Q}\boldsymbol{K}^{\text{T}}}{\sqrt{d_{\text{model}}}}\right)\boldsymbol{V} = \text{softmax}\left(\frac{\boldsymbol{X}\boldsymbol{X}^{\text{T}}}{\sqrt{d_{\text{model}}}}\right)\boldsymbol{X} \quad (2.3)$$

式中,位置 i 的单词与位置 j 的单词之间的自注意力权重为

$$\text{Self-Attention}(\boldsymbol{Q},\boldsymbol{K},\boldsymbol{V})_{i,j} = \frac{\exp\left(\frac{\boldsymbol{Q}_i\boldsymbol{K}_j^{\text{T}}}{\sqrt{d_{\text{model}}}}\right)}{\sum_{k=1}^{n}\exp\left(\frac{\boldsymbol{Q}_i\boldsymbol{K}_k^{\text{T}}}{\sqrt{d_{\text{model}}}}\right)\boldsymbol{V}_j} \quad (2.4)$$

2.1.3 多头注意力机制

为了增强模型的表示能力和学习多种不同的关注方式,Transformer 模型引入了多头注意力(Multi-Head Attention)机制。如图 2.1 所示,多头注意力机制允许模型在不同的线性映射空间中计算自注意力权重,并将多个注意力头的输出进行拼接(Concat)变换和线性(Linear)变换。

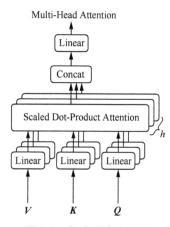

图2.1 多头注意力机制

具体地说，多头注意力机制通过对输入的表征值乘以不同的权重参数 W^Q、W^K 和 W^V，将其映射到不同的空间中，这些空间被称为"头"（head）。每个头使用式（2.5）并行计算自己的自注意力权重：

$$\text{head}_i = \text{Attention}\left(QW_i^Q, KW_i^K, VW_i^V\right) = \text{softmax}\left(\frac{Q_i K_i^T}{\sqrt{d_k}}\right) V_i \quad (2.5)$$

式中，$W_i^Q \in \mathbb{R}^{d_{\text{model}} \times d_k}$、$W_i^K \in \mathbb{R}^{d_{\text{model}} \times d_k}$ 和 $W_i^V \in \mathbb{R}^{d_{\text{model}} \times d_v}$ 为可学习的权重参数。一般为了平衡计算成本，我们会取 $d_k = d_v = d_{\text{model}} / n_{\text{head}}$。

在获得多组自注意力权重后，Transformer 模型将它们拼接在一起，得到多头注意力的最终输出。然后，使用可学习的权重参数 W^O 将拼接后得到的多头注意力的最终输出映射回原来的维度：

$$\text{MultiHead}(Q, K, V) = \text{Concat}(\text{head}_1, \cdots, \text{head}_n) W^O \quad (2.6)$$

简言之，在多头注意力机制中，每个头可以"解读"输入内容的不同方面。例如，它们可以捕捉全局依赖关系、关注特定语境下的词元（Token），或识别词与词之间的语法关系。这样，多头注意力机制能够在不同的视角下对输入进行建模，从而更好地捕捉复杂的语义和句子结构。MindSpore 实现多头注意力机制如代码 2.3 所示。

代码2.3　多头注意力机制

```
class MultiHeadAttention(nn.Cell):
    def __init__(self, d_model, d_k, n_heads, dropout_p=0.):
        super().__init__()
        self.n_heads = n_heads
        self.d_k = d_k
        self.W_Q = nn.Dense(d_model, d_k * n_heads)
        self.W_K = nn.Dense(d_model, d_k * n_heads)
        self.W_V = nn.Dense(d_model, d_k * n_heads)
        self.W_O = nn.Dense(n_heads * d_k, d_model)
        self.attention = ScaledDotProductAttention(dropout_p=dropout_p)

    def construct(self, query, key, value, attn_mask):
        """
        query: [batch_size, len_q, d_model]
        key: [batch_size, len_k, d_model]
        value: [batch_size, len_k, d_model]
        attn_mask: [batch_size, seq_len, seq_len]
        """
```

```python
batch_size = query.shape[0]

# 将查询、键和值分别乘对应的权重,并分割为不同的头
# q_s: [batch_size, len_q, n_heads, d_k]
# k_s: [batch_size, len_k, n_heads, d_k]
# v_s: [batch_size, len_k, n_heads, d_k]
q_s = self.W_Q(query).view(batch_size, -1, self.n_heads, self.d_k)
k_s = self.W_K(key).view(batch_size, -1, self.n_heads, self.d_k)
v_s = self.W_V(value).view(batch_size, -1, self.n_heads, self.d_k)

# 调整查询、键和值的维度
# q_s: [batch_size, n_heads, len_q, d_k]
# k_s: [batch_size, n_heads, len_k, d_k]
# v_s: [batch_size, n_heads, len_k, d_k]
q_s = q_s.transpose((0, 2, 1, 3))
k_s = k_s.transpose((0, 2, 1, 3))
v_s = v_s.transpose((0, 2, 1, 3))

# attn_mask 的维度需要与 q_s、k_s、v_s 对应
# attn_mask: [batch_size, n_heads, seq_len, seq_len]
attn_mask = attn_mask.expand_dims(1)
attn_mask = ops.tile(attn_mask, (1, self.n_heads, 1, 1))

# 计算每个头的自注意力权重
# context: [batch_size, n_heads, len_q, d_k]
# attn: [batch_size, n_heads, len_q, len_k]
context, attn = self.attention(q_s, k_s, v_s, attn_mask)

# 拼接
# context: [batch_size, len_q, n_heads * d_k]
context = context.transpose((0, 2, 1, 3)).view((batch_size, -1, self.n_heads * self.d_k))

# 乘 W_O
# output: [batch_size, len_q, n_heads * d_k]
output = self.W_O(context)

return output, attn
```

2.2 Transformer 模型的结构和模块

Transformer 模型采用了编码器-解码器的结构,但与传统的编码器-解码器

不同，Transformer模型使用了多个结构相同的编码器层和解码器层进行堆叠。在机器翻译任务中，编码器负责解读源序列的信息，并将其传递给解码器。解码器接收源序列的信息，并结合当前的输入（即当前翻译的部分），预测下一个单词，直到生成完整的句子。Transformer模型结构如图2.2所示。在Input和Output进入编码器或解码器之前，源序列和目标序列需要经过一些预处理步骤：①词嵌入（Word Embedding，包括Input Embedding和Output Embedding），将序列转换为模型能够理解的词向量，这些词向量包含序列的内容信息；②位置编码（Positional Encoding，PE），在内容信息的基础上添加位置信息，以帮助模型理解序列中不同词元的相对位置。

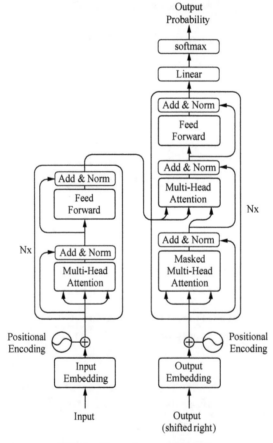

图2.2 Transformer模型结构

2.2.1 位置编码

由于Transformer模型不包含RNN，它无法直接捕捉到序列的位置信息。这可能导致模型无法识别顺序变化对句子语义的影响，例如，"我爱我的小猫"和"我的小猫爱我"在语义上是不同的。为了解决这个问题，Transformer模型引入了位置编码来提供额外的位置信息。位置编码的形状与通过词嵌入得到的输出相同。对于位置编码矩阵中索引为 [pos, 2i] 和 [pos, 2i+1] 的元素，其计算方式如式（2.7）和式（2.8）所示。

$$\mathrm{PE}_{[pos,2i]} = \sin\left(\frac{pos}{10000^{2i/d_{\text{model}}}}\right) \quad (2.7)$$

$$\mathrm{PE}_{[pos,2i+1]} = \cos\left(\frac{pos}{10000^{2i/d_{\text{model}}}}\right) \quad (2.8)$$

代码 2.4 实现了位置编码，输入经过词嵌入后的结果 x，输出添加了位置信息后的结果 x+PE。

代码2.4 位置编码函数

```
from mindspore import numpy as mnp

class PositionalEncoding(nn.Cell):
    """ 位置编码 """

    def __init__(self, d_model, dropout_p=0.1, max_len=100):
        super().__init__()
        self.dropout = nn.Dropout(1 - dropout_p)

        # 位置信息
        # pe: [max_len, d_model]
        self.pe = ops.Zeros()((max_len, d_model), mstype.float32)

        # pos: [max_len, 1]
        # angle: [d_model/2, ]
        # pos/angle: [max_len, d_model/2]
        pos = mnp.arange(0, max_len, dtype=mstype.float32).view((-1, 1))
        angle = ops.pow(10000.0, mnp.arange(0, d_model, 2, dtype=mstype.float32)/d_model)

        # pe: [max_len, d_model]
        self.pe[:, 0::2] = ops.sin(pos/angle)
        self.pe[:, 1::2] = ops.cos(pos/angle)

    def construct(self, x):
        batch_size = x.shape[0]

        # 广播
```

```
# pe: [batch_size, max_len, d_model]
pe = self.pe.expand_dims(0)
pe = ops.broadcast_to(pe, (batch_size, -1, -1))

# 将位置编码截取至与 x 同等大小
# x: [batch_size, seq_len, d_model]
x = x + pe[:, :x.shape[1], :]
return self.dropout(x)
```

2.2.2 编码器

在 Transformer 模型中，编码器负责处理输入的源序列，将其转化为一系列上下文向量进行输出。每个编码器层由两个子层组成：多头注意力子层（Multi-Head Attention）和基于位置的前馈神经网络子层（Feed Forward）。在多头注意力子层中，模型会同时关注源序列中不同位置的信息，并计算出每个位置与其他位置的自注意力权重，以获得更全局的上下文表示。在基于位置的前馈神经网络子层中，模型会对每个位置的向量进行独立的非线性变换，以捕捉局部的特征和语义信息。编码器结构如图 2.3 所示，两个子层之间使用残差连接（Residual Connection）和层归一化（Layer Normalization）进行连接和归一化处理，以避免梯度消失，并加速训练过程，这种结构被统称为"Add & Norm"。

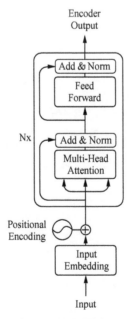

图2.3　编码器结构

1. 基于位置的前馈神经网络子层

基于位置的前馈神经网络（Position-Wise Feed-Forward Network）用于对输入序列中的每个位置进行非线性变换。它由两个线性层组成，这些层之间通过 ReLU 激活函数连接，如式（2.9）所示。

$$\text{FFN}(x) = \text{ReLU}(xW_1 + b_1)W_2 + b_2 \qquad (2.9)$$

相较于固定的 ReLU 激活函数，基于位置的前馈神经网络能够处理更加复杂的关系。由于前馈神经网络是基于位置的，它可以捕获到不同位置的信息，并为每个位置提供不同的变换。这意味着它可以对不同位置的特征进行不同的处理，从而更好地根据序列中的局部关系进行建模，如代码 2.5 所示。

代码2.5　基于位置的前馈神经网络

```python
class PoswiseFeedForward(nn.Cell):
    def __init__(self, d_ff, d_model, dropout_p=0.):
        super().__init__()
        self.linear1 = nn.Dense(d_model, d_ff)
        self.linear2 = nn.Dense(d_ff, d_model)
        self.dropout = nn.Dropout(1-dropout_p)
        self.relu = nn.ReLU()

    def construct(self, x):
        """前馈神经网络
        x: [batch_size, seq_len, d_model]
        """
        # x: [batch_size, seq_len, d_ff]
        x = self.linear1(x)
        x = self.relu(x)
        x = self.dropout(x)
        # x: [batch_size, seq_len, d_model]
        output = self.linear2(x)
        return output
```

通过应用非线性变换，基于位置的前馈神经网络能够引入更强大的表达能力，从而提高模型对序列中复杂关系的建模能力。这样的设计使 Transformer 模型能够更好地捕捉序列中的长距离依赖和语义关系，提高了其在 NLP 等任务中的性能。

2. Add&Norm

Add & Norm 是 Transformer 模型中的关键组件，它由残差连接接口（Add）和层归一化接口（Norm）组成，其函数关系如式（2.10）所示。

$$\text{Add \& Norm}(x) = \text{LayerNorm}(x + \text{Sublayer}(x)) \quad (2.10)$$

如代码2.6所示,在残差连接步骤中,将子层的输入和子层的输出相加,以缓解网络的退化。这种连接方式允许将信息直接从输入传递到输出,有助于捕捉残差信息,提高模型的表达能力。紧接着是层归一化步骤,它对残差连接后的结果进行层归一化操作。层归一化可以加速模型的收敛过程,缓解梯度消失,并使不同特征维度上的输入具有相似的分布。这有助于提高模型的稳定性和学习能力。Add & Norm 将残差连接和层归一化结合在一起,能够有效地帮助模型训练,提高训练速度,并且增强模型的泛化能力。

代码2.6 Add & Norm

```python
class AddNorm(nn.Cell):
    def __init__(self, d_model, dropout_p=0.):
        super().__init__()
        self.layer_norm = nn.LayerNorm((d_model, ), epsilon=1e-5)
        self.dropout = nn.Dropout(1-dropout_p)

    def construct(self, x, residual):
        return self.layer_norm(self.dropout(x) + residual)
```

3. 编码器模型

代码2.7实现了一个编码器层。

代码2.7 编码器层

```python
class EncoderLayer(nn.Cell):
    def __init__(self, d_model, n_heads, d_ff, dropout_p=0.):
        super().__init__()
        d_k = d_model // n_heads
        if d_k * n_heads != d_model:
            raise ValueError(f"The `d_model` {d_model} can not be divisible by `num_heads` {n_heads}.")
        self.enc_self_attn = MultiHeadAttention(d_model, d_k, n_heads, dropout_p)
        self.pos_ffn = PoswiseFeedForward(d_ff, d_model, dropout_p)
        self.add_norm1 = AddNorm(d_model, dropout_p)
        self.add_norm2 = AddNorm(d_model, dropout_p)

    def construct(self, enc_inputs, enc_self_attn_mask):
        """
        enc_inputs: [batch_size, src_len, d_model]
        enc_self_attn_mask: [batch_size, src_len, src_len]
        """
```

```
            residual = enc_inputs

            # 多头注意力子层
            enc_outputs, attn = self.enc_self_attn(enc_inputs, enc_inputs, enc_inputs,
enc_self_attn_mask)

            # Add & Norm
            enc_outputs = self.add_norm1(enc_outputs, residual)
            residual = enc_outputs

            # 基于位置的前馈神经网络子层
            enc_outputs = self.pos_ffn(enc_outputs)

            # Add & Norm
            enc_outputs = self.add_norm2(enc_outputs, residual)

            return enc_outputs, attn
```

将代码2.7实现的编码器层堆叠 n_layers 次，并添加词嵌入与位置编码，即可获得最终的编码器模型。实现编码器模型的核心代码如代码2.8所示。

代码2.8　编码器模型

```
class Encoder(nn.Cell):
    def __init__(self, src_vocab_size, d_model, n_heads, d_ff, n_layers, dropout_p=0.):
        super().__init__()
        self.src_emb = nn.Embedding(src_vocab_size, d_model)
        self.pos_emb = PositionalEncoding(d_model, dropout_p)
        self.layers = nn.CellList([EncoderLayer(d_model, n_heads, d_ff, dropout_p) for _ in range(n_layers)])
        self.scaling_factor = ops.Sqrt()(Tensor(d_model, mstype.float32))


    def construct(self, enc_inputs, src_pad_idx):
        """enc_inputs : [batch_size, src_len]
        """
        # 将输入转换为 Input Embedding，并添加位置信息
        # enc_outputs: [batch_size, src_len, d_model]
        enc_outputs = self.src_emb(enc_inputs.astype(mstype.int32))
        enc_outputs = self.pos_emb(enc_outputs * self.scaling_factor)

        # 输入的注意力掩码
        # enc_self_attn_mask: [batch_size, src_len, src_len]
        enc_self_attn_mask = get_attn_pad_mask(enc_inputs, enc_inputs, src_pad_idx)
```

```
# 堆叠编码器
# enc_outputs: [batch_size, src_len, d_model]
# enc_self_attns: [batch_size, n_heads, src_len, src_len]
enc_self_attns = []
for layer in self.layers:
    enc_outputs, enc_self_attn = layer(enc_outputs, enc_self_attn_mask)
    enc_self_attns.append(enc_self_attn)
return enc_outputs, enc_self_attns
```

2.2.3 解码器

解码器的任务是将编码器输出的上下文序列转换为目标序列的预测结果，并与目标序列的真实结果进行比较以计算损失。如图 2.4 所示，每个解码器层包含一个带掩码的多头注意力子层（Masked Multi-Head Attention）、一个多头注意力子层（Multi-Head Attention）和基于位置的前馈神经网络子层（Feed Forward）。这些子层的组合用于生成目标序列的预测结果。

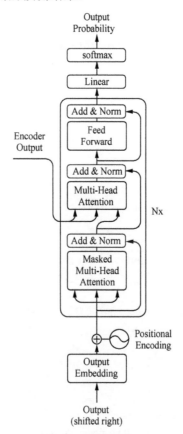

图2.4 解码器结构

第一个带掩码的多头注意力子层用于计算目标序列的注意力权重,它使用带掩码的多头注意力机制。这个子层帮助模型在生成目标序列时关注正确的部分,并在计算注意力权重时进行掩码操作,以避免模型注意到无效或未生成的部分。

第二个多头注意力子层用于计算上下文序列与目标序列之间的对应关系。在这个子层中,解码器带掩码的多头注意力机制作为查询,编码器的输出(上下文序列)作为键和值,以此获得上下文序列与目标序列之间的对应关系。

1. 带掩码的多头注意力子层

在处理目标序列的输入时,解码器在每个时刻 t 只能"观察"到前 $t-1$ 个词元,后续的词元不能同时输入解码器。为了确保在时刻 t 时,只有 $t-1$ 个词元参与多头注意力权重的计算,需要再引入一个时间掩码。这个时间掩码能够使目标序列中的词元在时间上逐渐暴露。如图 2.5 所示,可以使用一个三角矩阵来实现这个时间掩码,将矩阵中对角线以上的词元标记为 1,表示这些词元不参与多头注意力权重的计算。该掩码一般被称为随后掩码(Subsequent Mask)。

$$\begin{pmatrix} 0 & 1 & 1 & 1 & 1 \\ 0 & 0 & 1 & 1 & 1 \\ 0 & 0 & 0 & 1 & 1 \\ 0 & 0 & 0 & 0 & 1 \\ 0 & 0 & 0 & 0 & 0 \end{pmatrix}$$

图2.5 基于三角矩阵的时间掩码

将时间掩码和填充掩码合并为一个整体掩码,以确保模型既不会注意时刻 t 之后的词元,也不会关注填充词元(即 <pad>)。如代码 2.9 所示,通过应用这样的掩码,可以保证解码器在生成目标序列时按照正确的顺序逐步预测词元,同时避免无效的注意力权重计算和填充词元处理的干扰。

代码2.9 时间掩码函数

```
def get_attn_subsequent_mask(seq_q, seq_k):
    """生成时间掩码,使解码器在时刻 t 只能看到序列的前 t-1 个词元
    
    Args:
        seq_q (Tensor): query 序列, shape = [batch_size, len_q]
        seq_k (Tensor): key 序列, shape = [batch_size, len_k]
    """
    batch_size, len_q = seq_q.shape
    batch_size, len_k = seq_k.shape
    # 生成三角矩阵
    # subsequent_mask: [batch_size, len_q, len_k]
```

```
        ones = ops.ones((batch_size, len_q, len_k), mindspore.float32)
        subsequent_mask = mnp.triu(ones, k=1)
        return subsequent_mask
```

2. 解码器模型

代码 2.10 实现了一个解码器层。

代码2.10　解码器层

```
class DecoderLayer(nn.Cell):
    def __init__(self, d_model, n_heads, d_ff, dropout_p=0.):
        super().__init__()
        d_k = d_model // n_heads
        if d_k * n_heads != d_model:
            raise ValueError(f"The `d_model` {d_model} can not be divisible by `num_heads` {n_heads}.")
        self.dec_self_attn = MultiHeadAttention(d_model, d_k, n_heads, dropout_p)
        self.dec_enc_attn = MultiHeadAttention(d_model, d_k, n_heads, dropout_p)
        self.pos_ffn = PoswiseFeedForward(d_ff, d_model, dropout_p)
        self.add_norm1 = AddNorm(d_model, dropout_p)
        self.add_norm2 = AddNorm(d_model, dropout_p)
        self.add_norm3 = AddNorm(d_model, dropout_p)

    def construct(self, dec_inputs, enc_outputs, dec_self_attn_mask, dec_enc_attn_mask):
        """
        dec_inputs: [batch_size, trg_len, d_model]
        enc_outputs: [batch_size, src_len, d_model]
        dec_self_attn_mask: [batch_size, trg_len, trg_len]
        dec_enc_attn_mask: [batch_size, trg_len, src_len]
        """
        residual = dec_inputs

        # decoder multi-head attention
        dec_outputs, dec_self_attn = self.dec_self_attn(dec_inputs, dec_inputs, dec_inputs, dec_self_attn_mask)

        # Add & Norm
        dec_outputs = self.add_norm1(dec_outputs, residual)
        residual = dec_outputs

        # encoder-decoder multi-head attention
        dec_outputs, dec_enc_attn = self.dec_enc_attn(dec_outputs, enc_outputs, enc_outputs, dec_enc_attn_mask)
```

```
        # Add & Norm
        dec_outputs = self.add_norm2(dec_outputs, residual)
        residual = dec_outputs

        # feed-forward
        dec_outputs = self.pos_ffn(dec_outputs)

        # Add & Norm
        dec_outputs = self.add_norm3(dec_outputs, residual)

        return dec_outputs, dec_self_attn, dec_enc_attn
```

将代码2.9实现的解码器层堆叠 n_layers 次，同时添加词嵌入和位置编码层，以及最后的线性层，即可获得最终的解码器模型，如代码2.11所示。

代码2.11　解码器模型

```
class Decoder(nn.Cell):
    def __init__(self, trg_vocab_size, d_model, n_heads, d_ff, n_layers, dropout_p=0.):
        super().__init__()
        self.trg_emb = nn.Embedding(trg_vocab_size, d_model)
        self.pos_emb = PositionalEncoding(d_model, dropout_p)
        self.layers = nn.CellList([DecoderLayer(d_model, n_heads, d_ff) for _ in range(n_layers)])
        self.projection = nn.Dense(d_model, trg_vocab_size)
        self.scaling_factor = ops.Sqrt()(Tensor(d_model, mstype.float32))

    def construct(self, dec_inputs, enc_inputs, enc_outputs, src_pad_idx, trg_pad_idx):
        """
        dec_inputs: [batch_size, trg_len]
        enc_inputs: [batch_size, src_len]
        enc_outputs: [batch_size, src_len, d_model]
        """
        # 将输入转换为Input Embedding，并添加位置信息
        # dec_outputs: [batch_size, trg_len, d_model]
        dec_outputs = self.trg_emb(dec_inputs.astype(mstype.int32))
        dec_outputs = self.pos_emb(dec_outputs * self.scaling_factor)

        # 解码器中的自注意力掩码
        # dec_self_attn_mask: [batch_size, trg_len, trg_len]
        dec_self_attn_pad_mask = get_attn_pad_mask(dec_inputs, dec_inputs, trg_pad_idx)
        dec_self_attn_subsequent_mask = get_attn_subsequent_mask(dec_inputs, dec_
```

```
inputs)
            dec_self_attn_mask = ops.gt((dec_self_attn_pad_mask + dec_self_attn_subsequent_mask), 0)

        # 编码器-解码器中的注意力掩码
        # dec_enc_attn_mask: [batch_size, trg_len, src_len]
        dec_enc_attn_mask = get_attn_pad_mask(dec_inputs, enc_inputs, src_pad_idx)

        # 堆叠解码器层
        # dec_outputs: [batch_size, trg_len, d_model]
        dec_self_attns, dec_enc_attns = [], []
        for layer in self.layers:
            dec_outputs, dec_self_attn, dec_enc_attn = layer(dec_outputs, enc_outputs, dec_self_attn_mask, dec_enc_attn_mask)
            dec_self_attns.append(dec_self_attn)
            dec_enc_attns.append(dec_enc_attn)

        # 线性层
        # dec_outputs: [batch_size, trg_len, trg_vocab_size]
        dec_outputs = self.projection(dec_outputs)
        return dec_outputs, dec_self_attns, dec_enc_attns
```

2.2.4 模型代码

通过组合已经实现的编码器和解码器，可以得到完整的 Transformer 模型。代码 2.12 所示为该模型的实现代码。

代码2.12　Transformer模型

```
class Transformer(nn.Cell):
    def __init__(self, encoder, decoder):
        super().__init__()
        self.encoder = encoder
        self.decoder = decoder

    def construct(self, enc_inputs, dec_inputs, src_pad_idx, trg_pad_idx):
        """
        enc_inputs: [batch_size, src_len]
        dec_inputs: [batch_size, trg_len]
        """
        # 编码器，输出表示源序列信息向量
        # enc_ouputs: [batch_size, src_len, d_model]
        enc_outputs, enc_self_attns = self.encoder(enc_inputs, src_pad_idx)
```

```
        # 解码器
        # de_outputs: [batch_size, trg_len, trg_vocab_size]
        dec_outputs, dec_self_attns, dec_enc_attns = self.decoder(dec_inputs,
 enc_inputs, enc_outputs, src_pad_idx, trg_pad_idx)

        # decoder logits
        # dec_logits: [batch_size * trg_len, trg_vocab_size]
        dec_logits = dec_outputs.view((-1, dec_outputs.shape[-1]))

        return dec_logits, enc_self_attns, dec_self_attns, dec_enc_attns
```

2.3 Transformer 模型在 NLP 任务中的应用

Transformer 模型在 NLP 任务中展现出了强大的能力，并取得了令人瞩目的成果。本节将探讨 Transformer 模型在几个关键 NLP 任务中的应用，包括语言建模、机器翻译和文本摘要。

语言建模是根据已有的上下文，预测下一个词语或字符的任务。传统的基于 n-gram 的语言模型在处理长距离依赖和上下文信息时存在一定的限制。而基于 Transformer 模型的语言模型通过自注意力机制，能够同时关注输入序列中的所有位置，捕捉全局的上下文信息。Transformer 模型通过在编码器中对输入序列进行建模，可学习到丰富的语义表示。这使得基于 Transformer 模型的语言模型能够生成更连贯、更准确的语言文本，并在语言生成、文本生成等任务中展现出突出的性能。

机器翻译是将源语言句子自动翻译为目标语言句子的任务，是 NLP 领域的一个重要任务。传统的机器翻译方法主要基于统计机器翻译，但受限于对局部特征的捕捉和对长距离依赖的处理能力。基于 Transformer 模型的机器翻译模型革命性地改变了机器翻译方法。通过在编码器和解码器中使用自注意力机制，Transformer 模型能够同时关注输入序列和输出序列的不同位置，并捕捉到全局的语义和上下文信息。这使得基于 Transformer 模型的机器翻译模型在翻译质量和长句子处理方面的能力取得了显著的提升。

文本摘要是将一篇长文本自动提取或生成简洁摘要的任务，具有广泛的应用领域。传统的文本摘要方法通常依赖于特征工程和规则，受限于对上下文的理解和生成能力。基于Transformer模型的文本摘要模型通过注意力机制和解码器的生成能力，能够从输入文本中提取关键信息，并生成准确、连贯的摘要。这种模型在抽取式和生成式文本摘要任务中都表现出了显著的优势，为自动化摘要的研究和应用带来了新的机遇。

Transformer模型在语言建模、机器翻译和文本摘要等NLP任务中取得了突出的成果。其能够捕捉长距离依赖关系、全局上下文信息和语义关联，从而提高了其在NLP任务中的应用的准确性和流畅度。随着Transformer模型的发展和改进，它在更多NLP任务和领域中的应用前景将会更加广阔。

2.4 使用MindSpore实现基于Transformer模型的文本机器翻译模型

MindSpore实现基于Transformer模型的文本机器翻译模型的完整流程如下。

①数据预处理：对输入的图像、文本等数据进行预处理，将其转换为可以进行计算的张量（Tensor）格式。

②模型构建：使用MindSpore框架的API，构建Transformer模型。通过定义模型的各个组件，如编码器、解码器及注意力机制等，构建完整的模型结构。

③模型训练：定义模型的训练逻辑，包括定义损失函数和优化器。然后，使用训练集进行迭代训练，通过反向传播和参数更新来优化模型的参数。

④模型评估：使用训练好的模型，在测试集上对其进行评估，以衡量模型的性能和翻译质量。通过计算指标如训练损失等来评估模型的准确性。

⑤模型推理：将训练好的模型部署到实际应用中，可以输入新的数据并获得翻译结果。通过输入源语言句子，模型将生成目标语言句子作为翻译结果，实现文本机器翻译的功能。

通过以上流程，使用MindSpore实现基于Transformer模型的文本机器翻译模型可以完成数据预处理、模型构建、模型训练、模型评估和模型推理的全流程，从而实现高质量的文本机器翻译应用。

2.4.1 数据集准备与数据预处理

本次任务使用的数据集是Multi30K数据集，它是一个大规模的图像-文本数据集，包含超过 30000 张图片，每张图片对应两类不同的文本描述：①英语文本描述和对应的德语翻译；②5 个独立的、非翻译而来的英语文本和德语文本描述，这 5 个文本描述之间的细节并不相同。由于 Multi30K 数据集的不同语言对图片的文本描述是相互独立的，因此通过该数据集训练出的模型可以更好地适应具有噪声的多模态内容。在本次文本机器翻译任务中，德语是源语言，而英语是目标语言。

1. 下载数据集

使用代码 2.13 下载数据集，并将 tar.gz 文件解压到指定文件夹（注意，书中提供的代码均为示例网址，相关代码请参考 MindSpore 官网提供的文档）。

代码2.13　下载Multi30K数据集

```
from download import download
from pathlib import Path
from tqdm import tqdm
import os

# 训练、验证、测试数据集下载地址
urls = {
    'train': 'http://www.quest.xxx.ac.uk/wmt16_files_mmt/training.tar.gz',
    'valid': 'http://www.quest.xxx.ac.uk/wmt16_files_mmt/validation.tar.gz',
    'test': 'http://www.quest.xxx.ac.uk/wmt17_files_mmt/mmt_task1_test2016.tar.gz'
}

# 指定保存路径为 `home_path/.mindspore_examples`
cache_dir = Path.home() / '.mindspore_examples'

train_path = download(urls['train'], os.path.join(cache_dir, 'train'), kind='tar.gz')
valid_path = download(urls['valid'], os.path.join(cache_dir, 'valid'), kind='tar.gz')
test_path = download(urls['test'], os.path.join(cache_dir, 'test'), kind='tar.gz')
```

2. 加载数据集

在进行模型训练等流程之前，还需要对数据进行预处理。如代码 2.14 所示，首先，需要加载数据集并进行分词，将句子拆解为单独的词元，词元可以是字符或单词。机器翻译任务通常采用单词级的分词，即将每个词元表示为一个单词或一个标点符号。为了确保一致性，无论单词的首字母是否为大写形式，都将其转换为小写形式，然后进行分词。举个例子，将句子"Hello world!"进行分词后，得到的词元列表为：["hello", "world", "!"]。然后，创建一个数据集加载器 Multi30K。在后续的遍历过程中调用该数据集加载器时，每次返回的是当前源语言和目标语言文本描述的词元列表。通过使用这个数据集加载器，可以方便地获取以词元形式表示的源语言和目标语言文本描述的数据。

代码2.14　Multi30K数据集加载器

```
import re

class Multi30K():
    """Multi30K 数据集加载器

    加载 Multi30K 数据集并将其处理为一个 Python 迭代对象

    """
    def __init__(self, path):
        self.data = self._load(path)

    def _load(self, path):
        def tokenize(text):
            # 对句子进行分词，统一大小写
            text = text.rstrip()
            return [tok.lower() for tok in re.findall(r'\w+|[^\w\s]', text)]

        # 读取 Multi30K 数据，并进行分词
        members = {i.split('.')[-1]: i for i in os.listdir(path)}
        de_path = os.path.join(path, members['de'])
        en_path = os.path.join(path, members['en'])
        with open(de_path, 'r', encoding='utf-8') as de_file:
            de = de_file.readlines()[:-1]
            de = [tokenize(i) for i in de]
        with open(en_path, 'r', encoding='utf-8') as en_file:
            en = en_file.readlines()[:-1]
            en = [tokenize(i) for i in en]

        return list(zip(de, en))

    def __getitem__(self, idx):
        return self.data[idx]

    def __len__(self):
        return len(self.data)
```

```
train_dataset, valid_dataset, test_dataset = Multi30K(train_path), Multi30K
(valid_path), Multi30K(test_path)
```

3. 构建词典

在加载数据集后，将每个词元映射到从 0 开始的数字索引中。在构建词典时，词元和数字索引的组合被称为词典（Vocabulary）。以前面的"Hello world!"为例，该序列所构建的词典为：{"<unk>": 0, "<pad>": 1, "<bos>": 2, "<eos>": 3, "hello": 4, "world": 5, "!": 6}。

在构建词典时，使用了如下 4 个特殊的词元。

① <unk>：未知（Unknown）词元，用于统一标记出现频率较低的单词。

② <bos>：句子起始（Begin of Sentence）词元，用于标记句子的起始。

③ <eos>：句子结束（End of Sentence）词元，用于标记句子的结束。

④ <pad>：填充（Padding）词元，用于在句子长度不足时进行填充，使句子达到统一的长度。

代码 2.15 实现了词元与数字索引之间的相互转换。调用 encode 函数可以将输入的词元或词元序列转换为相应的数字索引或数字索引序列。同样地，调用 decode 函数可以将输入的数字索引或数字索引序列转换为相应的词元或词元序列。借助代码 2.15，可以方便地在词元和数字索引之间进行转换操作。

代码2.15 词典类Vocab

```
class Vocab:
    """ 通过词频字典，构建词典 """

    special_tokens = ['<unk>', '<pad>', '<bos>', '<eos>']

    def __init__(self, word_count_dict, min_freq=1):
        self.word2idx = {}
        for idx, tok in enumerate(self.special_tokens):
            self.word2idx[tok] = idx

        # 过滤低词频的词元，并为每个词元分配数字索引
        filted_dict = {
            w: c
            for w, c in word_count_dict.items() if c >= min_freq
        }
        for w, _ in filted_dict.items():
```

```python
            self.word2idx[w] = len(self.word2idx)

        self.idx2word = {idx: word for word, idx in self.word2idx.items()}

        self.bos_idx = self.word2idx['<bos>']    # 特殊占位符：序列起始
        self.eos_idx = self.word2idx['<eos>']    # 特殊占位符：序列结束
        self.pad_idx = self.word2idx['<pad>']    # 特殊占位符：补充字符
        self.unk_idx = self.word2idx['<unk>']    # 特殊占位符：低词频或未曾出现的词元

    def _word2idx(self, word):
        """ 将单词映射至数字索引 """
        if word not in self.word2idx:
            return self.unk_idx
        return self.word2idx[word]

    def _idx2word(self, idx):
        """ 将数字索引映射至单词 """
        if idx not in self.idx2word:
            raise ValueError('input index is not in vocabulary.')
        return self.idx2word[idx]

    def encode(self, word_or_list):
        """ 将单个单词或单词数组映射至单个数字索引或数字索引数组 """
        if isinstance(word_or_list, list):
            return [self._word2idx(i) for i in word_or_list]
        return self._word2idx(word_or_list)

    def decode(self, idx_or_list):
        """ 将单个数字索引或数字索引数组映射至单个单词或单词数组 """
        if isinstance(idx_or_list, list):
            return [self._idx2word(i) for i in idx_or_list]
        return self._idx2word(idx_or_list)

    def __len__(self):
        return len(self.word2idx)
```

如代码 2.16 所示，可以使用 collections 模块中的 Counter 和 OrderedDict 来统计英语和德语文本描述中每个单词出现的频率，并构建词频字典。通过转换词频字典，构建了两个词典：de_vocab 用于记录所有源语言词元及其对应的数字索引，en_vocab 用于记录所有目标语言词元及其对应的数字索引。在分配数字索引时，可以为高词频的词元分配较小的索引，从而节约存储空间。

代码2.16 构建词典

```
from collections import Counter, OrderedDict

def build_vocab(dataset):
    de_words, en_words = [], []
    for de, en in dataset:
        de_words.extend(de)
        en_words.extend(en)

    de_count_dict = OrderedDict(sorted(Counter(de_words).items(), key=lambda t: t[1], reverse=True))
    en_count_dict = OrderedDict(sorted(Counter(en_words).items(), key=lambda t: t[1], reverse=True))

    return Vocab(de_count_dict, min_freq=2), Vocab(en_count_dict, min_freq=2)

de_vocab, en_vocab = build_vocab(train_dataset)
print('Unique tokens in de vocabulary:', len(de_vocab))
```

4. 创建数据迭代器

数据预处理的最后一步是创建数据迭代器。在这之前，已经使用数据集加载器 Multi30K 将源语言和目标语言文本描述转换为词元序列，并构建了词典，建立了词元与数字索引的对应关系。现在需要将词元序列转换为数字索引序列。以"Hello world!"为例，逐步演示数据迭代器的操作。

首先，在每个词元序列的开头和结尾添加表示起始和结束的特殊词元 <bos> 和 <eos>。["hello", "world", "!"] 被转换为 ["<bos>", "hello", "world", "!", "<eos>"]。

接下来，统一序列的长度。如果序列超出设定的长度，进行截断；如果序列长度不足，使用 <pad> 进行填充。假设统一的序列长度为7，则 ["<bos>", "hello", "world", "!", "<eos>"] 被填充为 ["<bos>", "hello", "world", "!", "<eos>", "<pad>", "<pad>"]，此时序列的有效长度为5。

最后，对词元序列进行批处理。对于每个批次中的序列，通过调用词典中的 encode 函数将序列中的每个词元转换为相应的数字索引，并将结果以张量的形式返回。["<bos>", "hello", "world", "!", "<eos>", "<pad>", "<pad>"] 映射为一个内容为 [2, 4, 5, 6, 3, 1, 1] 的张量。

通过以上步骤，可以将文本描述转换为词元序列，并通过数据迭代器以批次形式对词元序列进行训练和处理，将其转换为数字索引序列。数据迭代器的创建过程如代码 2.17 所示。

代码2.17　创建数据迭代器

```python
import mindspore

class Iterator():
    """ 创建数据迭代器 """
    def __init__(self, dataset, de_vocab, en_vocab, batch_size, max_len=32, drop_reminder=False):
        self.dataset = dataset
        self.de_vocab = de_vocab
        self.en_vocab = en_vocab

        self.batch_size = batch_size
        self.max_len = max_len
        self.drop_reminder = drop_reminder

        length = len(self.dataset) // batch_size
        self.len = length if drop_reminder else length + 1    # 批次数量

    def __call__(self):
        def pad(idx_list, vocab, max_len):
            """ 统一序列长度，并记录有效长度 """
            idx_pad_list, idx_len = [], []
            # 当前序列长度超过最大长度时，将超出的部分截断；当前序列长度小于最大长度时，
            # 用占位符填充
            for i in idx_list:
                if len(i) > max_len - 2:
                    idx_pad_list.append(
                        [vocab.bos_idx] + i[:max_len-2] + [vocab.eos_idx]
                    )
                    idx_len.append(max_len)
                else:
                    idx_pad_list.append(
                        [vocab.bos_idx] + i + [vocab.eos_idx] + [vocab.pad_idx] * (max_len - len(i) - 2)
                    )
                    idx_len.append(len(i) + 2)
            return idx_pad_list, idx_len

        def sort_by_length(src, trg):
            """ 对德语 / 英语的序列长度进行排序 """
            data = zip(src, trg)
            data = sorted(data, key=lambda t: len(t[0]), reverse=True)
            return zip(*list(data))
```

```python
        def encode_and_pad(batch_data, max_len):
            """将批次数据中的文本数据转换为数字索引,并统一每个序列的长度"""
            # 将当前批次数据中的词元转换为数字索引
            src_data, trg_data = zip(*batch_data)
            src_idx = [self.de_vocab.encode(i) for i in src_data]
            trg_idx = [self.en_vocab.encode(i) for i in trg_data]

            # 统一序列长度
            src_idx, trg_idx = sort_by_length(src_idx, trg_idx)
            src_idx_pad, src_len = pad(src_idx, de_vocab, max_len)
            trg_idx_pad, _ = pad(trg_idx, en_vocab, max_len)

            return src_idx_pad, src_len, trg_idx_pad

        for i in range(self.len):
            # 获取当前批次的数据
            if i == self.len - 1 and not self.drop_reminder:
                batch_data = self.dataset[i * self.batch_size:]
            else:
                batch_data = self.dataset[i * self.batch_size: (i+1) * self.batch_size]

            src_idx, src_len, trg_idx = encode_and_pad(batch_data, self.max_len)
            # 将序列数据转换为张量
            yield mindspore.Tensor(src_idx, mindspore.int32), \
                mindspore.Tensor(src_len, mindspore.int32), \
                mindspore.Tensor(trg_idx, mindspore.int32)

    def __len__(self):
        return self.len

train_iterator = Iterator(train_dataset, de_vocab, en_vocab, batch_size=128, max_len=32, drop_reminder=True)
valid_iterator = Iterator(valid_dataset, de_vocab, en_vocab, batch_size=128, max_len=32, drop_reminder=False)
test_iterator = Iterator(test_dataset, de_vocab, en_vocab, batch_size=1, max_len=32, drop_reminder=False)
```

2.4.2 模型构建

定义超参数并且实例化 Transformer 模型如代码 2.18 所示。

代码2.18　定义超参数并且实例化Transformer模型

```
# 词典
src_vocab_size = len(de_vocab)
trg_vocab_size = len(en_vocab)
src_pad_idx = de_vocab.pad_idx
trg_pad_idx = en_vocab.pad_idx

# 超参数
d_model = 512
d_ff = 2048
n_layers = 6
n_heads = 8

# 实例化模型
encoder = Encoder(src_vocab_size, d_model, n_heads, d_ff, n_layers, dropout_p=0.1)
decoder = Decoder(trg_vocab_size, d_model, n_heads, d_ff, n_layers, dropout_p=0.1)
model = Transformer(encoder, decoder)
```

2.4.3　模型训练与评估

1. 定义前向网络计算逻辑

在训练过程中，希望模型能够预测出表示句子结束的 <eos> 占位符，而不是将其作为输入。因此，在处理解码器的输入时，需要移除目标序列最后的 <eos> 占位符。而对于最终的输出，期望包含表示句子结束的 <eos> 占位符，但不包含表示句子起始的 <bos> 占位符。因此，在计算损失时，需要同样移除目标序列的表示句子起始 <bos> 占位符，并与模型输出进行比较。这样可以确保损失的计算只针对有效的词元进行，而不受 <bos> 和 <eos> 占位符的影响。定义前向网络计算逻辑如代码2.19所示。

代码2.19　定义前向网络计算逻辑

```
def forward(enc_inputs, dec_inputs):
    """ 前向网络
    enc_inputs: [batch_size, src_len]
    dec_inputs: [batch_size, trg_len]
    """
    # 训练过程中不应该包含目标序列中的最后一个词元 <eos>
    # logits: [batch_size * (trg_len - 1), trg_vocab_size]
    logits, _, _, _ = model(enc_inputs, dec_inputs[:, :-1], src_pad_idx, trg_pad_idx)
```

```
# 推理结果中不应该包含目标序列中的第一个词元 <bos>
# targets: [batch_size * (trg_len -1), ]
targets = dec_inputs[:, 1:].view(-1)
loss = loss_fn(logits, targets)

return loss
```

2. 定义梯度计算函数

为了优化模型的参数，需要计算损失函数对参数的导数。在 MindSpore 中，可以使用 mindspore.ops.value_and_grad 函数获取函数的微分函数，并计算参数的梯度。这个函数有如下 3 个常用参数。

① fn：待求导的函数。

② grad_position：指定对函数输入求导的位置索引。

③ weights：指定要求导的参数。

在使用 Cell 接口封装神经网络模型时，模型参数作为 Cell 接口的内部属性，无须使用 grad_position 参数指定对函数输入求导的位置索引。因此，可以将其配置为 None。在对模型参数求导时，可以使用 weights 参数，并通过 model.trainable_params() 方法从 Cell 接口中获取可求导的参数。定义梯度计算函数如代码 2.20 所示。

代码2.20　定义梯度计算函数

```
# 反向传播计算梯度
grad_fn = ops.value_and_grad(forward, None, optimizer.parameters)
```

3. 定义一个 step 的训练逻辑

定义一个 step 的训练逻辑，核心代码如代码 2.21 所示。

代码2.21　定义一个step的训练逻辑

```
# 训练一个 step 的逻辑
def train_step(enc_inputs, dec_inputs):
    # 反向传播计算梯度
    loss, grads = grad_fn(enc_inputs, dec_inputs)
    # 权重更新
    optimizer(grads)
    return loss
```

4. 定义一个 epoch 的训练逻辑

在训练过程中，通过对数据集进行遍历迭代来进行模型训练。每完成一次对整个数据集的遍历迭代，称为一个 epoch。在模型训练过程中，模型会以最小化损失为目标更新模型权重，故模型状态需设置为训练 model.set_train(True)。定义一个 epoch 的训练逻辑如代码 2.22 所示。

代码2.22　定义一个epoch的训练逻辑

```
def train(iterator, epoch=0):
    model.set_train(True)
    num_batches = len(iterator)
    total_loss = 0    # 所有批次训练损失的累加
    total_steps = 0   # 训练步数

    with tqdm(total=num_batches) as t:
        t.set_description(f'Epoch: {epoch}')
        for src, src_len, trg in iterator():
            # 计算当前批次数据的损失
            loss = train_step(src, trg)
            total_loss += loss.asnumpy()
            total_steps += 1
            # 当前的平均损失
            curr_loss = total_loss / total_steps
            t.set_postfix({'loss': f'{curr_loss:.2f}'})
            t.update(1)

    return total_loss / total_steps
```

5. 定义模型评估逻辑

在模型评估过程中，仅需要正向计算损失，无须更新模型参数，故模型状态需要设置为非训练 model.set_train(False)。定义模型评估逻辑如代码 2.23 所示。

代码2.23　定义模型评估逻辑

```
def evaluate(iterator):
    model.set_train(False)
    num_batches = len(iterator)
    total_loss = 0    # 所有批次训练损失的累加
    total_steps = 0   # 训练步数

    with tqdm(total=num_batches) as t:
        for src, _, trg in iterator():
            # 计算当前批次数据的损失
            loss = forward(src, trg)
            total_loss += loss.asnumpy()
            total_steps += 1
            # 当前的平均损失
            curr_loss = total_loss / total_steps
```

```
            t.set_postfix({'loss': f'{curr_loss:.2f}'})
            t.update(1)

    return total_loss / total_steps
```

6. 定义模型整体训练流程

在每个 epoch 中，模型会输出训练损失值和评估精度的指标。同时，我们会将评估精度最高的模型保存为一个检查点文件（transformer.ckpt），并将其存储在 home_path/.mindspore_examples/ 目录下。定义模型整体训练流程如代码 2.24 所示。

代码2.24　定义模型整体训练流程

```
from mindspore import save_checkpoint

num_epochs = 10    # 训练迭代数
best_valid_loss = float('inf')    # 当前最佳验证损失
ckpt_file_name = os.path.join(cache_dir, 'transformer.ckpt')    # 模型保存路径


for i in range(num_epochs):
    # 模型训练，更新网络权重
    train_loss = train(train_iterator, i)
    # 网络权重更新后对模型进行验证
    valid_loss = evaluate(valid_iterator)

    # 保存当前效果最好的模型
    if valid_loss < best_valid_loss:
        best_valid_loss = valid_loss
        save_checkpoint(model, ckpt_file_name)
```

2.4.4　模型推理

1. 定义模型加载操作

在模型训练好后，首先通过代码 2.25 将训练好的模型参数载入新实例化的模型中。

代码2.25　定义模型载入操作

```
from mindspore import load_checkpoint, load_param_into_net

# 实例化新模型
encoder = Encoder(src_vocab_size, d_model, n_heads, d_ff, n_layers, dropout_p=0.1)
```

```
decoder = Decoder(trg_vocab_size, d_model, n_heads, d_ff, n_layers, dropout_
p=0.1)
new_model = Transformer(encoder, decoder)

# 载入之前训练好的模型
param_dict = load_checkpoint(ckpt_file_name)
load_param_into_net(new_model, param_dict)
```

2. 定义模型推理逻辑

在推理过程中，无须对模型参数进行更新，因此通过 model.set_train(False) 的设置将模型设置为推理模式。在推理过程中，输入一句德语，并期望获得翻译的英语句子。首先，使用编码器模块提取德语序列中的特征信息，并将这些特征传递给解码器模块。在解码器的初始输入中，使用起始占位符 <bos>，然后根据输入的预测逐步生成下一个单词，并更新输入，直到预测出结束占位符 <eos>。这个过程会一步步生成翻译后的英语句子。定义模型推理逻辑如代码 2.26 所示。

代码2.26　定义模型推理逻辑

```
def inference(sentence, max_len=32):
    """ 模型推理：输入一句德语，输出翻译后的英语句子
    enc_inputs: [batch_size(1), src_len]
    """
    new_model.set_train(False)

    # 对输入句子进行分词
    if isinstance(sentence, str):
        tokens = [tok.lower() for tok in re.findall(r'\w+|[^\w\s]', sentence.
rstrip())]
    else:
        tokens = [token.lower() for token in sentence]

    # 补充起始、结束占位符，统一序列长度
    if len(tokens) > max_len - 2:
        src_len = max_len
        tokens = ['<bos>'] + tokens[:max_len - 2] + ['<eos>']
    else:
        src_len = len(tokens) + 2
        tokens = ['<bos>'] + tokens + ['<eos>'] + ['<pad>'] * (max_len -
src_len)

    # 将德语单词转换为数字索引，并进一步转换为张量
    # enc_inputs: [1, src_len]
    indexes = de_vocab.encode(tokens)
```

```
    enc_inputs = Tensor(indexes, mstype.float32).expand_dims(0)

    # 将输入送入编码器，获取信息
    enc_outputs, _ = new_model.encoder(enc_inputs, src_pad_idx)

    # 初始化解码器输入，此时仅有句首占位符 <pad>
    # dec_inputs: [1, 1]
    dec_inputs = Tensor([[en_vocab.bos_idx]], mstype.float32)

    max_len = enc_inputs.shape[1]
    for _ in range(max_len):
        # dec_outputs: [batch_size(1) * len(dec_inputs), trg_vocab_size]
        dec_outputs, _, _ = new_model.decoder(dec_inputs, enc_inputs, enc_outputs, src_pad_idx, trg_pad_idx)
        dec_logits = dec_outputs.view((-1, dec_outputs.shape[-1]))

        # 找到下一个单词的概率分布，并输出预测
        # dec_logits: [1, trg_vocab_size]
        # pred: [1, 1]
        dec_logits = dec_logits[-1, :]
        pred = dec_logits.argmax(axis=0).expand_dims(0).expand_dims(0)
        pred = pred.astype(mstype.float32)

        # 更新 dec_inputs
        dec_inputs = ops.concat((dec_inputs, pred), axis=1)

        # 如果出现 <eos>，则终止循环
        if int(pred.asnumpy()[0]) == en_vocab.eos_idx:
            break

    # 将数字索引转换为英文单词
    trg_indexes = [int(i) for i in dec_inputs.view(-1).asnumpy()]
    eos_idx = trg_indexes.index(en_vocab.eos_idx) if en_vocab.eos_idx in trg_indexes else -1
    trg_tokens = en_vocab.decode(trg_indexes[1:eos_idx])

    return trg_tokens
```

3. 定义 BLEU 得分计算操作

双语替换评测（Bilingual Evaluation Understudy，BLEU）得分是一种用于衡量文本机器翻译模型生成的语句质量的算法。它的核心在于评估机器翻译的译文 pred 与人工翻译的参考译文 label 之间的相似度。BLEU 算法通过比较机器翻译译文的片段与参考译文的片段，并计算各个片段的得分，然后加权求和得到最终的得

分。在计算 BLEU 得分时，有以下基本规则：对于过短的预测译文，机器翻译译文相对于参考译文过于简短，会导致命中率更高，因此需要施加更多的"惩罚"；对于长段落的匹配，机器翻译译文与参考译文的完全匹配度更高，表明机器翻译译文更接近人工翻译的参考译文，因此对于长段落的匹配给予更高的权重。

BLEU 得分的计算公式如式（2.11）所示。

$$\exp\left(\min\left(0, 1 - \frac{\text{len}(\text{label})}{\text{len}(\text{pred})}\right)\right) \prod_{n=1}^{k} p_n^{1/2^n} \qquad (2.11)$$

式中，len(label) 表示参考译文的长度；len(pred) 表示机器翻译译文的长度；p_n 表示 n-gram 的精度，用于衡量机器翻译译文与参考译文匹配片段的相似度。BELU 得分的具体计算过程如代码 2.27 所示。

代码2.27　定义BLEU得分计算操作

```python
from nltk.translate.bleu_score import corpus_bleu

def calculate_bleu(dataset, max_len=50):
    trgs = []
    pred_trgs = []
    
    for data in dataset[:10]:
        
        src = data[0] # 源语言：德语
        trg = data[1] # 目标语言：英语
        
        # 获取模型预测结果
        pred_trg = inference(src, max_len)
        pred_trgs.append(pred_trg)
        trgs.append([trg])
    
    return corpus_bleu(trgs, pred_trgs)

# 计算BLEU得分
bleu_score = calculate_bleu(test_dataset)

print(f'BLEU score = {bleu_score*100:.2f}')
```

2.5　参考文献

[1] VASWANI A, SHAZEER N, PARMAR N, et al. Attention is all you need[C]// Proceedings of the 31st International Conference on Neural Information Processing Systems. New York: Curron Associates Inc, 2017: 6000-6010.

第 3 章　BERT 实践

在过去，NLP 任务通常依赖于手工设计的特征和规则，这限制了模型的表现和扩展。然而，随着深度学习和神经网络的发展，NLP 领域开始转向使用端到端的模型，这些模型可以从大规模的数据中学习语言的表示和特征，在性能上取得了显著的进步。双向 Transformer 编码器表示（Bidirectional Encoder Representations from Transformers，BERT）的出现被认为是 NLP 领域的一场革命。它是由 Google 于 2018 年提出的一种预训练语言模型，它利用了 Transformer 模型的自注意力机制，并对大规模未标注文本进行预训练来学习通用的语言表示。BERT 的重要贡献在于引入了双向上下文的理念，即模型可以同时看到前面和后面的上下文信息，这大大提升了模型对文本语义的理解能力。BERT 的出现在 NLP 领域引起了巨大的关注，产生了广泛的影响，它被广泛应用于各种下游任务，如文本分类、情感分析、问答系统、命名实体识别等。BERT 不仅在许多 NLP 任务上的表现超越了传统语言模型，还成为其他 NLP 模型的基础，并为这些 NLP 模型带来启发。

3.1　BERT 基本原理

BERT 是一种革命性的预训练语言模型，它采用 Transformer 模型的架构，并在其基础上进行了改进。BERT 的提出是为了克服传统语言模型在处理句子语义和理解上下文时的局限性。传统语言模型，例如 RNN 和 Transformer 模型，都是从左到右或从右到左进行单向编码的，只能利用有限的上下文信息进行建模。这导致传统语言模型在处理长文本、句子之间的关系和语义理解方面的能力受限。为了克服这些局限性，BERT 提出了双向编码和预训练技术。

①双向编码：传统语言模型在处理输入序列时只能在一个方向上看到上下文信息，而忽略了另一个方向的上下文信息。BERT 引入双向编码，意味着它可以同时利用前面和后面的上下文信息，从而更全面地理解整个句子的语义信息和上下文关系。这种双向编码的能力使 BERT 在许多 NLP 任务中表现出色。

②预训练技术：BERT 采用了预训练技术，这是一种自监督学习的技术。在预训练阶段，BERT 通过掩码语言建模（Masked Language Modeling，MLM）任务在大规模未标注的文本上进行预训练。在 MLM 任务中，BERT 在输入句子中随机掩盖一部分单词，然后通过上下文中的其他单词来预测被掩盖的单词。通过这种方式，

BERT 对整个句子的上下文进行建模，从而获得丰富的语义信息。预训练的目标是使 BERT 在未标注文本上学习通用的语言表示，使其具备更好的泛化能力，能够适用于各种下游任务。

图 3.1 展示了 BERT 的预训练（Pre-Training）和微调（Fine-Tuning）流程。在预训练阶段后，BERT 学到通用的语言表示，但尚未针对具体任务对表达 BERT 的参数进行调整。微调是指在特定下游任务中，使用预训练得到的 BERT 作为初始参数，在有标注的任务数据集上进行有监督学习，调整模型参数以适应特定任务的需求。通过预训练和微调的双重阶段，BERT 可以根据不同的下游任务进行个性化优化，使其在特定任务上具有强大的表现能力。微调使 BERT 成为一种通用的、高度灵活的语言表示模型，广泛应用于各种 NLP 任务，并在许多任务上拥有领先的性能。

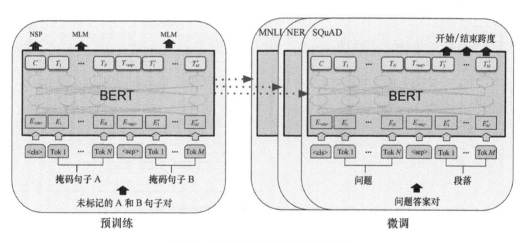

图3.1　BERT的预训练和微调流程

3.2　BERT 结构

BERT 采用多层 Transformer 编码器，可以通过堆叠不同层数的 Transformer 编码器来控制模型的复杂度。图 3.2 展示了 Transformer 模型和 BERT 结构的对比。

Transformer 模型是一种用于序列到序列（Sequence-to-Sequence）任务的模型，其中编码器接收源句子（Source Sentence），解码器接收目标句子（Target Sentence）并生成对应的输出序列。而 BERT 是一种用于 NLP 的预训练语言模型。对于句子对的相关任务，BERT 将两个句子合并为一个句子对，然后输入编码器。具体地说，在输入时，BERT会在第一个句子前添加特殊占位符<cls>，在两个句子之间添加特殊占位符<sep>，以形成完整的输入序列，例如，<cls>句子1<sep>句子2<sep>。这样，BERT可以同时利用前面和后面的上下文信息对整个句子对进行编码，从而更全面地理解句子对之间的关系。而对于单个文本相关任务，BERT只输入一个句子，并在句子前后添加特殊占位符，例如，<cls>句子<sep>。这样，BERT在处理单个文本相关任务时，同样能够利用上下文信息进行编码，实现对句子语义的理解。

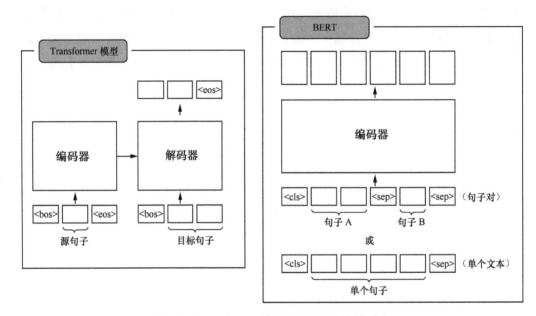

图3.2　Transformer模型和BERT结构的对比

BERT中的Embedding操作与Transformer模型中的Embedding操作在基本原理上是相似的，都包含词嵌入和位置嵌入。然而，BERT的Embedding操作在实现上与传统的Transformer模型有一些不同。首先，BERT采用了可学习的位置信息，这意味着它不像传统的Transformer模型一样简单地使用固定的位置嵌入，而是通过学习来捕捉不同位置之间的信息。这使得BERT能够更好地处理句子中的词序关系，尤其是处理较长的句子中的词序关系。其次，BERT还额外增加了用于区分不同句子的段嵌入（Segment Embedding）。在处理句子对相关任务时，BERT需要将两个句子进行区分，以便同时考虑两个句子之间的关系。为了实现这一点，BERT引入了段嵌入，它是一个向量，用于标识不同句子的边界。通过在输入序列中添加段嵌入，BERT能够区分来自不同句子的单词，从而准确地对句子对进行建模。图3.3

给出了 BERT 计算 Embedding 的示例。

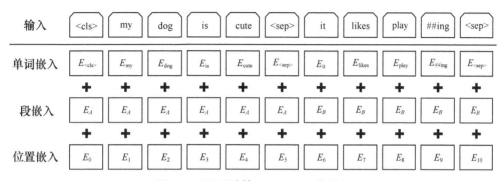

图3.3　BERT计算Embedding的示例

BERT 的构建与第 2 章介绍的 Transformer 编码器的构建相似。BERT 也包含多层 Transformer 编码器，每一层都由 3 个主要部分组成：多头注意力子层、前馈神经网络子层和 Add & Norm。

3.3　BERT 预训练

预训练是 BERT 的重要步骤，它通过在大规模未标注文本上对模型进行训练，让模型学习通用的语言表示。预训练使得 BERT 能够从数据中学习到丰富的语义信息和上下文关系，为下游任务提供更好的初始化参数。在预训练过程中，BERT 通过 MLM 和下一句预测（Next Sentence Prediction，NSP）两种任务来获取单词和句子级别的特征。

在 MLM 任务中，BERT 会在输入序列中随机掩盖一部分单词，并让模型根据上下文中的其他单词来预测被掩盖的单词。具体地说，输入序列中的一些单词有一定概率被替换成 < 掩码 > 符号，有一定概率保持原样或被随机替换成其他单词。模型的目标是根据上下文中的其他单词，尽可能准确地预测被掩盖的单词。通过这个任务，BERT 可以学习到丰富的单词级别的语义信息和上下文关系，使得它能够更好地理解句子中的词汇。图 3.4 给出了 MLM 任务的示例，在随机将单词替换为掩码的时候进行如下操作：①每个单词有 80% 的概率被替换为 < 掩码 >；②每个单词有 10% 的概率被替换为文本中的随机词；③每个单词有 10% 的概率不进行替换，保持原有的单词。

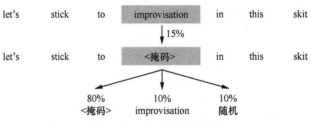

图3.4 MLM任务的示例

NSP任务旨在让BERT学会理解句子之间的关系,尤其是用于处理句子对的相关任务。在这个任务中,BERT会接收一个句子对作为输入,然后判断这两个句子是否是连续的。具体地说,BERT会在输入序列中添加特殊标记<cls>表示句子的开始,然后将两个句子合并为一个句子对输入模型。模型会输出一个二元分类的结果,用于判断这两个句子是否是连续的。通过这个任务,BERT可以学习到句子级别的语义信息和上下文关系,更好地处理句子对的相关任务,如问答系统和文本匹配任务。

3.4 BERT微调

BERT微调是指在预训练阶段之后,将模型在预训练中学到的通用的语言表示应用于特定的下游任务,并通过有监督学习调整模型参数,使其适应特定任务的需求。微调过程是BERT在实际任务中发挥作用的关键步骤,它使得BERT能够根据任务的特性和数据进行个性化的优化,从而在各种NLP任务中获得优异的性能。下面是BERT微调的过程。

①选择下游任务:在微调阶段,首先需要选择下游任务,例如文本分类、情感分析、问答系统、命名实体识别等。不同的任务需要不同的模型结构和输出层,因此需要根据任务的特点来调整BERT参数。

②准备标注数据:对于所选的下游任务,需要准备有标注的数据集。其中的标注数据包含输入样本(通常是句子或文本)和对应的标签(任务的输出)。这些数据将用于在微调阶段进行有监督学习。

③调整输出层:在微调阶段,通常会根据任务的类型和需求调整BERT的输出层。对于分类任务,可以在BERT的顶部添加一个全连接层,并使用softmax函数输出分类的概率分布。对于问答任务,可以在BERT的顶部添加额外的输出层来预

测答案的起始和结束位置。对于其他任务，也可以根据具体情况调整输出层。

④使用损失函数和优化器：在微调阶段，需要根据任务类型选择适当的损失函数来衡量模型输出和标签之间的差异。例如，对于分类任务，可以使用交叉熵损失函数；对于回归任务，可以使用均方误差损失函数。然后，通过梯度下降优化算法，如 Adam 优化器，来最小化损失函数，更新模型参数。

⑤微调模型参数：在微调阶段，将预训练的 BERT 作为初始参数，然后在标注数据上进行有监督学习。通过将传递样本输入 BERT，获得模型输出，然后与对应的标签进行对比，计算损失并更新模型参数。在微调模型参数时，通过多次迭代，不断调整模型参数，使得模型逐渐适应特定任务的数据分布和特征，从而拥有较好的性能。

⑥验证和调优：在微调过程中，需要使用验证集对模型进行评估，并根据验证集的表现来调优超参数和模型结构，以防止过拟合并优化性能。

通过以上微调过程，BERT 可以根据不同的下游任务进行个性化优化，使得模型在特定任务上具有强大的表现能力。

3.5 使用 MindSpore 实现数据并行的 BERT 预训练

使用 MindSpore 实现数据并行的 BERT 预训练流程如下。

第一步，通过 BertPredictionHeadTranform 可以实现一个单层感知机，用于预测被掩盖的词元。在前向网络中，需要输入 BERT 的编码结果 hidden_states，如代码 3.1 所示。

代码3.1　定义BertPredictionHeadTranform模块

```
activation_map = {
    'relu': nn.ReLU(),
    'gelu': nn.GELU(False),
    'gelu_approximate': nn.GELU(),
    'swish':nn.SiLU()
}

class BertPredictionHeadTransform(nn.Cell):
    def __init__(self, config):
        super().__init__()
        self.dense = nn.Dense(config.hidden_size, config.hidden_size, weight_
```

```
init=TruncatedNormal(config.initializer_range))
        self.transform_act_fn = activation_map.get(config.hidden_act, nn.
GELU(False))
        self.layer_norm = nn.LayerNorm((config.hidden_size,), epsilon=config.
layer_norm_eps)

    def construct(self, hidden_states):
        hidden_states = self.dense(hidden_states)
        hidden_states = self.transform_act_fn(hidden_states)
        hidden_states = self.layer_norm(hidden_states)
        return hidden_states
```

第二步,根据被掩盖的词元位置 masked_lm_positions,获得这些词元的预测输出,如代码 3.2 所示。

代码3.2　定义BertLMPredictionHead模块

```
import mindspore.ops as ops
import mindspore.numpy as mnp
from mindspore import Parameter, Tensor

class BertLMPredictionHead(nn.Cell):
    def __init__(self, config):
        super(BertLMPredictionHead, self).__init__()
        self.transform = BertPredictionHeadTransform(config)

        # The output weights are the same as the input embeddings, but there is
        # an output-only bias for each token.
        self.decoder = nn.Dense(config.hidden_size, config.vocab_size, has_bias=
False, weight_init=TruncatedNormal(config.initializer_range))

        self.bias = Parameter(initializer('zeros', config.vocab_size), 'bias')

    def construct(self, hidden_states, masked_lm_positions):
        # hidden_states: [batch_size, seq_len, hidden_size]
        batch_size, seq_len, hidden_size = hidden_states.shape
        if masked_lm_positions is not None:
            # flat_offffsets: [batch_size, ]
            flat_offsets = mnp.arange(batch_size) * seq_len
            # flat_position: [batch_size * mask_len, ]
            flat_position = (masked_lm_positions + flat_offsets.reshape(-1,
1)).reshape(-1)
            # flat_sequence_tensor: [batch_size * seq_len, hidden_size]
            flat_sequence_tensor = hidden_states.reshape(-1, hidden_size)
```

```
        # hidden_states: [batch_size * mask_len, hidden_size]
        hidden_states = ops.gather(flat_sequence_tensor, flat_position, 0)
        hidden_states = self.transform(hidden_states)
        hidden_states = self.decoder(hidden_states) + self.bias
        return hidden_states
```

第三步，下列代码整合了 BERT 预训练的核心模块。首先通过调用 BertModel 构建 BERT，然后通过 BertPreTrainingHeads 整合了 MLM 与 NSP 两个训练任务，用于输出预测结果，如代码 3.3 所示。

代码3.3　BERT预训练

```
class BertForPretraining(nn.Cell):
    def __init__(self, config, *args, **kwargs):
        super().__init__(config, *args, **kwargs)
        self.bert = BertModel(config)
        self.cls = BertPreTrainingHeads(config)
        self.vocab_size = config.vocab_size

        self.cls.predictions.decoder.weight = self.bert.embeddings.word_embeddings.embedding_table

    def construct(self, input_ids, attention_mask=None, token_type_ids=None,
position_ids=None, head_mask=None, masked_lm_positions=None):
        outputs = self.bert(
            input_ids,
            attention_mask=attention_mask,
            token_type_ids=token_type_ids,
            position_ids=position_ids,
            head_mask=head_mask
        )
        # ic(outputs) # [shape(batch_size, 128, 256), shape(batch_size, 256)]

        sequence_output, pooled_output = outputs[:2]
        prediction_scores, seq_relationship_score = self.cls(sequence_output,
pooled_output, masked_lm_positions)

        outputs = (prediction_scores, seq_relationship_score,) + outputs[2:]
        # ic(outputs) # [shape(batch_size, 128, 256), shape(batch_size, 256)]

        return outputs
```

第四步，代码 3.4 定义了通过数据分布训练 BERT 的一个 step。

代码3.4　BERT分布式训练

```
mean = _get_gradients_mean()
degree = _get_device_num()
grad_reducer = nn.DistributedGradReducer(optimizer.parameters, mean, degree)

def train_step(input_ids, input_mask, masked_lm_ids, masked_lm_positions, masked_lm_weights, \
               next_sentence_label, segment_ids):
    status = init_register()
    input_ids = ops.depend(input_ids, status)
    (total_loss, masked_lm_loss, next_sentence_loss), grads = grad_fn(input_ids, input_mask, segment_ids, \
                         masked_lm_ids, masked_lm_positions, masked_lm_weights, next_sentence_label)
    grads = clip_by_global_norm(grads, clip_norm=1.0)
    grads = grad_reducer(grads)
    status = all_finite(grads, status)
    if status:
        total_loss = loss_scaler.unscale(total_loss)
        grads = loss_scaler.unscale(grads)
        total_loss = ops.depend(total_loss, optimizer(grads))
    total_loss = ops.depend(total_loss, loss_scaler.adjust(status))
    return total_loss, masked_lm_loss, next_sentence_loss, status
```

3.6　参考文献

[1] VASWANI A, SHAZEER N, PARMAR N, et al. Attention is all you need[C]// Proceedings of the 31st International Conference on Neural Information Processing Systems. New York: Curran Associates Inc, 2017: 6000-6010.

[2] DEVLIN J, CHEN M W, LEE K, et al. BERT: pre-training of deep bidirectional transformers for language understanding[C]// Proceedings of the 2019 Conference of the North American Chapter of the Association for Computational Linguistics: Human Language Technologies. Minneapolis: Association for Computational Linguistics, 2019: 4171-4186.

第 4 章 GPT 实践

生成式预训练Transformer（Generative Pre-trained Transformer，GPT）是一种基于神经网络的语言模型，由OpenAI公司开发。它由Radford等人在2018年首次提出，并在随后的版本中不断改进和扩展。GPT是一种预训练模型，即它可以在大规模文本数据上进行无监督学习，学习自然语言的统计规律和语义表征。通过这种方式，GPT可以"理解"语言，从而在各种NLP任务中表现出色。GPT是第五代语言模型的代表，它的出现是NLP领域的重要里程碑。相较于之前的模型，如传统的n-gram模型、基于规则的方法，以及第四代语言处理模型如Word2 vec和BERT等模型，GPT在理解和生成自然语言方面的表现得更加出色和全面。它的主要特点在于采用了Transformer架构，使得模型可以并行计算，并且Transformer架构的自注意力机制使其能够更好地捕捉长距离依赖。GPT的应用领域十分广泛，从文本生成、机器翻译、情感分析，到聊天机器人和智能助理，甚至它在创意与艺术创作领域都展现出了巨大的潜力。

4.1 GPT基本原理

GPT的产生就是为了将预训练和微调的方法应用于NLP任务中，并通过Transformer架构来改进传统的语言模型。GPT旨在通过预训练模型，让模型学习到大量文本数据的知识和表示，从而更好地理解和生成自然语言。其优势在于通过预训练，GPT具有较强的泛化能力，并能够适应多样化的NLP任务，从而在文本生成、情感分析、对话生成等领域取得优异的表现。GPT的基本原理如下。

①语言模型和预训练模型：GPT采用预训练的方式，在大规模的文本数据上进行无监督学习。在预训练阶段，GPT通过学习海量文本数据的统计规律和语义表征，捕捉自然语言的复杂性。预训练的好处在于，模型可以在各种NLP任务上进行微调，适应不同的应用场景，并且具有较强的泛化能力。

②Transformer架构：GPT的核心是Transformer架构，这是一种由Vaswani等人在2017年提出的深度学习架构。Transformer架构的自注意力机制使模型可以在输入序列的不同位置之间建立联系，通过关注与当前位置相关的部分，捕捉输入序列内部的语义依赖关系。多头注意力机制允许模型并行处理不同的语义子空间，增

强了模型的表达能力。

GPT 和 Transformer 模型有一定的联系，但也存在如下一些区别。

①预训练目标不同：在预训练阶段，Transformer 模型采用编码器处理输入的源序列，从而学习到与上下文相关的词向量。GPT 采用单向语言模型预训练的目标，即根据前面的词预测后一个词。这种单向语言模型使 GPT 更适合单向输入的 NLP 任务，如文本生成和情感分析。

②任务不同：Transformer 模型主要应用于序列到序列任务，如机器翻译，其中编码器和解码器分别处理输入和输出序列。GPT 主要用于处理单向输入的 NLP 任务，GPT 只采用了 Transformer 模型的编码器结构。

GPT 和 BERT 是两种不同的预训练模型，它们在预训练目标、模型结构和应用领域与任务上存在如下差异。

①预训练目标不同：BERT 以处理 MLM 任务为预训练目标，即在输入序列中随机掩盖一些单词，让模型预测被掩盖的单词。这使得 BERT 能够学习到与双向上下文相关的词向量。GPT 采用了单向语言模型预训练的目标，即根据前面的词预测后一个词，因此它只能获取单向的上下文信息。

②模型结构不同：BERT 采用 Transformer 模型的编码器结构，并且在预训练和微调阶段都使用了相同的模型，即双向的 Transformer 模型。GPT 在预训练和微调阶段使用的是单向的 Transformer 模型。

③应用领域与任务略有不同：由于其双向上下文理解能力，BERT 在多项 NLP 任务上表现出色，如文本分类、命名实体识别等。GPT 在单向输入的 NLP 任务中的表现较为出色，尤其在文本生成、对话生成等领域具有优势。

综上所述，GPT 是一种基于预训练的单向语言模型，采用 Transformer 架构。相较于 Transformer 模型和 BERT，GPT 在预训练目标、应用领域和任务上有所不同，因此其在不同的 NLP 任务中可能表现出更为突出的优势。

4.2　GPT 训练框架

为了充分利用未标注的大规模文本数据，GPT 采用了预训练和微调策略。在预训练阶段，模型在未标注数据上通过自回归任务进行预训练，以学习语言的统计规律和语义表征。在微调阶段，利用已标注的特定任务数据对预训练模型进行有监督学习，只更改线性输出层，使模型能够适应特定任务的要求。通过预训练和微调策略，GPT 能够充分利用未标注数据的信息，使模型具备了更强大的泛化能力，能够适应不同的 NLP 任务的要求，解决数据稀疏和维度灾难等问题，在各类 NLP 任务中都取得了优异表现。这种预训练和微调策略为 NLP 领域的发展带来了重要的突破和进步。

4.2.1 无监督预训练

给定一个无监督的语料库 $U=\{u_1,\cdots,u_n\}$，GPT 的预训练旨在使用标准的语言建模目标来最大化式（4.1）所示的似然概率。

$$L_U = \sum_i \log P(u_i \mid u_{i-k},\cdots,u_{i-1};\Theta) \tag{4.1}$$

式中，参数 k 是上下文窗口的大小，通过一个参数为 Θ 的多层 Transformer 解码器建模得到条件概率 P。该模型对输入上下文词元应用多头自注意力操作，然后通过位置感知的前馈层产生目标词元的输出分布，如式（4.2）～式（4.4）所示。

$$h_0 = UW_e + W_p \tag{4.2}$$

$$h_l = \text{transformer\_block}(h_{l-1}) \forall i \in [1, n] \tag{4.3}$$

$$P(u) = \text{softmax}(h_n W_e^{\text{T}}) \tag{4.4}$$

式中，$U=(u_{-k},\cdots,u_{-1})$ 是词元的上下文向量，n 是 Transformer 层数，W_e 是词元嵌入矩阵，W_p 是位置嵌入矩阵。

4.2.2 有监督微调

在完成 GPT 的预训练之后，在下游监督任务上微调模型参数。给定一个有标签的数据集 C，其中每个实例包含一个词元的序列 $\{x^1,\cdots,x^m\}$，以及一个标签 y。将词元输入 GPT 后，获得 Transformer 模型的输出 h_l^m，然后将其输入一个由参数 W_y 决定的线性输出层，用于预测标签 y，如式（4.5）所示。

$$P(y|x^1,\cdots,x^m) = \text{softmax}\left(h_l^m W_y\right) \tag{4.5}$$

这给出了我们需要最大化的目标函数，如式（4.6）所示。

$$L_C = \sum_{(x,y)} \log P(y | x^1, \cdots, x^m) \tag{4.6}$$

此外，研究表明在 GPT 预训练阶段，引入无监督预训练的优化目标可以提高模型的学习能力，因为这一做法有助于改进有监督模型的泛化能力，并且可以加快模型训练的收敛速率。所以，模型微调的最终优化目标如式（4.7）所示。

$$L = L_C + \lambda \times L_U \tag{4.7}$$

4.2.3　GPT 下游任务及模型输入

在 GPT 微调阶段，需要根据不同的下游任务来处理输入，主要的下游任务可分为以下 4 类。

①分类（Classification）：这类任务要求模型将输入文本划分为若干类别中的一类。常见的例子包括情感分类、新闻分类等。在情感分类中，模型需要判断一个文本表达的情感是积极、消极还是中性的；而在新闻分类中，模型需要将一个新闻文本归类为不同的主题类别，如体育、科技、政治等。

②蕴含（Entailment）：这类任务需要模型判断两个输入文本之间是否存在蕴含关系，即一个文本是否可以从另一个文本中推断出来。例如，给定两个句子："猫喜欢喝牛奶"和"动物会喝水"，模型需要判断第一个句子是否可以从第二个句子中推断出来。

③相似度（Similarity）：相似度任务要求模型计算两个输入文本之间的相似度。这类任务在信息检索、语义匹配等领域中被广泛应用。例如，在问题回答系统中，给定一个问题和若干个候选答案，模型需要计算每个候选答案与问题的相似度，以找到最合适的候选答案。

④多项选择题（Multiple Choice）：这类任务通常用于解决选择题问题。例如，给定一个问题和多个答案选项，模型需要选择最佳的答案选项。在阅读理解、问答系统等场景中，多项选择题任务起到了重要作用。

GPT 结构及不同下游任务所需要的模型输入如图 4.1 所示。

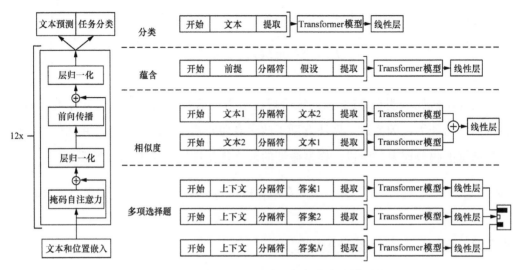

图4.1 GPT结构及不同下游任务所需要的模型输入

4.3 使用 MindSpore 实现 GPT 的微调

本节通过对 GPT 进行微调来实现基于 IMDb 数据集的情感分类任务。IMDb 数据集是一个广泛应用于情感分类训练的数据集，其中包含 50000 条影评文本数据。这些数据被划分为两个部分：训练数据和测试数据。每个样本都带有一个二元标签，用于表示影评的情感是正面的还是负面的。在这个任务中，我们的目标是利用 GPT，通过微调的方式使其具备对影评情感进行准确分类的能力。我们将在训练集上对模型进行训练优化，然后通过测试集来评估模型在新数据集上的性能。

4.3.1 数据预处理

加载 MindSpore 的相关库并且通过 load_dataset() 函数加载 IMDb 数据集，如代码 4.1 所示。

代码4.1 加载MindSpore相关库和IMDb数据集

```
import os
import mindspore
from mindspore.dataset import text, GeneratorDataset, transforms
from mindspore import nn
from mindnlp import load_dataset
```

```python
from mindnlp.transforms import PadTransform, GPTTokenizer
from mindnlp.engine import Trainer, Evaluator
from mindnlp.engine.callbacks import CheckpointCallback, BestModelCallback
from mindnlp.metrics import Accuracy

imdb_train, imdb_test = load_dataset('imdb', shuffle=False)
```

在加载了 IMDb 数据集后，需要对数据进行以下预处理。

①分词和映射：对文本内容进行分词，并将分词后的单词映射为对应的数字索引。这样可以将文本转换为模型可接受的输入形式。

②统一序列长度：由于 GPT 对输入序列的长度有限制，需要对文本进行统一序列长度的处理。对于超过限定长度的文本进行截断；对于长度不足的文本，使用特殊的 <pad> 占位符进行补全，确保所有文本都具有相同的长度。

③添加占位符：为了满足分类任务的输入要求，需要在每个句子的句首和句末分别添加起始占位符与结束占位符。在此处，使用 <bos> 表示起始占位符，<eos> 表示结束占位符。

④批处理：为了高效地进行模型训练，需要将预处理后的数据划分为多个批次进行训练。通过批处理，可以同时处理多个样本，从而加速模型的训练过程。

上述数据预处理操作的具体实现如代码 4.2 所示。

代码4.2　数据预处理

```python
import numpy as np

def process_dataset(dataset, tokenizer, max_seq_len=256, batch_size=32, shuffle=False):
    """ 数据集预处理 """
    def pad_sample(text):
        if len(text) + 2 >= max_seq_len:
            return np.concatenate(
                [np.array([tokenizer.bos_token_id]), text[: max_seq_len-2], np.array([tokenizer.eos_token_id])]
            )
        else:
            pad_len = max_seq_len - len(text) - 2
            return np.concatenate(
                [np.array([tokenizer.bos_token_id]), text,
                 np.array([tokenizer.eos_token_id]),
                 np.array([tokenizer.pad_token_id] * pad_len)]
            )
```

```
        column_names = ["text", "label"]
        rename_columns = ["input_ids", "label"]

        if shuffle:
            dataset = dataset.shuffle(batch_size)

        # 映射数据集
        dataset = dataset.map(operations=[tokenizer, pad_sample], input_columns=
"text")
        # 重命名数据集
        dataset = dataset.rename(input_columns=column_names, output_columns=
rename_columns)
        # 批处理数据集
        dataset = dataset.batch(batch_size)

        return dataset
```

接下来加载 GPT tokenizer，并添加上述 <bos>、<eos>、<pad> 占位符。GPT tokenizer 可以帮助我们对文本进行分词和索引映射。此外，当调用 GPT tokenizer 对文本进行编码时，它会自动在句首添加 <bos> 占位符，在句末添加 <eos> 占位符，并使用 <pad> 占位符对长度不足的文本进行补全，以确保所有输入文本具有统一的长度。具体实现如代码 4.3 所示。

代码4.3　加载GPT tokenizer

```
# tokenizer
gpt_tokenizer = GPTTokenizer.from_pretrained('openai-gpt')

# add sepcial token: <bos>、<eos>、<pad>
special_tokens_dict = {
    "bos_token": "<bos>",
    "eos_token": "<eos>",
    "pad_token": "<pad>",
}
num_added_toks = gpt_tokenizer.add_special_tokens(special_tokens_dict)
```

由于 IMDb 数据集本身并不包含验证集，因此需要从训练集中划分出一部分作为验证集。一种常用的做法是按照一定比例将训练集划分为训练集和验证集两部分，通常取比例为 0.7（70%）的训练集作为训练集，取比例为 0.3（30%）的训练集作为验证集，具体实现如代码 4.4 所示。

代码4.4 训练集划分

```
imdb_train, imdb_val = imdb_train.split([0.7, 0.3])
dataset_train = process_dataset(imdb_train, gpt_tokenizer, shuffle=True)
dataset_val = process_dataset(imdb_val, gpt_tokenizer)
dataset_test = process_dataset(imdb_test, gpt_tokenizer)
```

4.3.2 模型定义

加载 MindSpore 代码库,如代码 4.5 所示。

代码4.5 加载MindSpore代码库

```
import os
import logging
import numpy as np
import mindspore
from mindspore import nn
from mindspore import ops
from mindspore import Tensor
from mindspore.common.initializer import initializer, Normal
from mindnlp.models.gpt.gpt_config import GPTConfig
from mindnlp._legacy.nn import Dropout
from mindnlp.abc import PreTrainedModel
from mindnlp.models.utils.utils import Conv1D, prune_conv1d_layer, find_pruneable_heads_and_indices
from mindnlp.models.utils.utils import SequenceSummary
from mindnlp.models.utils.activations import ACT2FN
from mindnlp import GPTConfig
```

定义 MLP 模型,具体实现如代码 4.6 所示。

代码4.6 定义MLP模型

```
class MLP(nn.Cell):
    r"""
    GPT MLP
    """

    def __init__(self, n_state, config):
        super().__init__()
        n_embd = config.n_embd
        self.c_fc = Conv1D(n_state, n_embd)
        self.c_proj = Conv1D(n_embd, n_state)
        self.act = ACT2FN[config.afn]
```

```
        self.dropout = Dropout(p=config.resid_pdrop)

    def construct(self, x):
        h = self.act(self.c_fc(x))
        h2 = self.c_proj(h)
        return self.dropout(h2)
```

定义多头注意力机制模块,具体实现如代码4.7所示。

代码4.7 定义多头注意力机制模块

```
class Attention(nn.Cell):
    r"""
    GPT Attention
    """

    def __init__(self, nx, n_positions, config, scale=False):
        super().__init__()
        n_state = nx  # in Attention: n_state=768 (nx=n_embd)
        # [switch nx => n_state from Block to Attention to keep identical to TF implementation]
        if n_state % config.n_head != 0:
            raise ValueError(f"Attention n_state shape: {n_state} must be divisible by config.n_head {config.n_head}")

        self.bias = Tensor(np.tril(np.ones((n_positions, n_positions))), mindspore.float32).view(1, 1, n_positions, n_positions)
        self.n_head = config.n_head
        self.split_size = n_state
        self.scale = scale

        self.c_attn = Conv1D(n_state * 3, n_state)
        self.c_attn = Conv1D(n_state * 3, n_state)
        self.c_proj = Conv1D(n_state, n_state)
        self.attn_dropout = Dropout(p=config.attn_pdrop)
        self.resid_dropout = Dropout(p=config.resid_pdrop)
        self.pruned_heads = set()

        self.output_attentions = config.output_attentions

    def prune_heads(self, heads):
        """
        Prunes heads of the model.
        """
        if len(heads) == 0:
            return
```

第4章 GPT 实践

```python
        head_size = self.split_size//self.n_head
        heads, index = find_pruneable_heads_and_indices(heads, self.n_head,
head_size, self.pruned_heads)
        index_attn = ops.cat([index, index + self.split_size, index + (2 *
self.split_size)])
        # Prune conv1d layers
        self.c_attn = prune_conv1d_layer(self.c_attn, index_attn, axis=1)
        self.c_proj = prune_conv1d_layer(self.c_proj, index, axis=0)
        # Update hyper params
        self.split_size = (self.split_size // self.n_head) * (self.n_head -
len(heads))
        self.n_head = self.n_head - len(heads)
        self.pruned_heads = self.pruned_heads.union(heads)

    def _attn(self, q, k, v, attention_mask=None, head_mask=None):
        w = ops.matmul(q, k)
        if self.scale:
            w = w / ops.sqrt(ops.scalar_to_tensor(v.shape[-1]))
        b = self.bias[:, :, : w.shape[-2], : w.shape[-1]]
        w = w * b + -1e9 * (1 - b)

        if attention_mask is not None:
            w = w + attention_mask

        w = ops.softmax(w)
        w = self.attn_dropout(w)

        if head_mask is not None:
            w = w * head_mask

        outputs = (ops.matmul(w, v),)
        if self.output_attentions:
            outputs += (w,)
        return outputs

    def merge_heads(self, x):
        """merge heads"""
        x = x.transpose(0, 2, 1, 3)
        new_x_shape = x.shape[:-2] + (x.shape[-2] * x.shape[-1],)
        return x.view(new_x_shape)

    def split_heads(self, x, k=False):
        """split heads"""
        new_x_shape = x.shape[:-1] + (self.n_head, x.shape[-1] // self.n_head)
        x = x.view(new_x_shape)
```

```python
        if k:
            return x.transpose(0, 2, 3, 1)
        return x.transpose(0, 2, 1, 3)

    def construct(self, x, attention_mask=None, head_mask=None):
        x = self.c_attn(x)
        query, key, value = ops.split(x, self.split_size, axis=2)
        query = self.split_heads(query)
        key = self.split_heads(key, k=True)
        value = self.split_heads(value)

        attn_outputs = self._attn(query, key, value, attention_mask, head_mask)
        a = attn_outputs[0]

        a = self.merge_heads(a)
        a = self.c_proj(a)
        a = self.resid_dropout(a)
        outputs = (a,) + attn_outputs[1:]
        return outputs
```

定义 Transformer 解码器的 Block 模块，具体实现如代码 4.8 所示。

代码4.8 定义Transformer解码器的Block模块

```python
class Block(nn.Cell):
    r"""
    GPT Block
    """

    def __init__(self, n_positions, config, scale=False):
        super().__init__()
        nx = config.n_embd
        self.attn = Attention(nx, n_positions, config, scale)
        self.ln_1 = nn.LayerNorm((nx,), epsilon=config.layer_norm_epsilon)
        self.mlp = MLP(4 * nx, config)
        self.ln_2 = nn.LayerNorm((nx,), epsilon=config.layer_norm_epsilon)

    def construct(self, x, attention_mask=None, head_mask=None):
        output_attn = self.attn(
            x,
            attention_mask=attention_mask,
            head_mask=head_mask
        )

        a = output_attn[0]
        n = self.ln_1(x + a)
```

```
            m = self.mlp(n)
            h = self.ln_2(n + m)

            outputs = (h,) + output_attn[1:]
            return outputs
```

定义 GPT 预训练模型,具体实现如代码 4.9 所示。

代码4.9 定义GPT预训练模型

```
class GPTPreTrainedModel(PreTrainedModel):
    """BertPretrainedModel"""
    convert_torch_to_mindspore = torch_to_mindspore
    pretrained_model_archive_map = PRETRAINED_MODEL_ARCHIVE_MAP
    config_class = GPTConfig
    base_model_prefix = 'transformer'

    def _init_weights(self, cell):
        """Initialize the weights"""
        if isinstance(cell, nn.Dense):
            # Slightly different from the TF version which uses truncated_
normal for initialization
            # cf https://github.com/pytorch/xxx/pull/5617
            cell.weight.set_data(initializer(Normal(self.config.initializer_range),
                                    cell.weight.shape, cell.weight.dtype))
            if cell.has_bias:
                cell.bias.set_data(initializer('zeros', cell.bias.shape, cell.
bias.dtype))
        elif isinstance(cell, nn.Embedding):
            embedding_table = initializer(Normal(self.config.initializer_range),
                                    cell.embedding_table.shape,
                                    cell.embedding_table.dtype)
            if cell.padding_idx is not None:
                embedding_table[cell.padding_idx] = 0
            cell.embedding_table.set_data(embedding_table)
        elif isinstance(cell, nn.LayerNorm):
            cell.gamma.set_data(initializer('ones', cell.gamma.shape, cell.
gamma.dtype))
            cell.beta.set_data(initializer('zeros', cell.beta.shape, cell.
beta.dtype))


class GPTModel(GPTPreTrainedModel):
    """
    The bare GPT transformer model outputting raw hidden-states without any
specific head on top
    """
```

```python
    def __init__(self, config):
        super().__init__(config)
        self.config = config
        self.tokens_embed = nn.Embedding(config.vocab_size, config.n_embd)
        self.positions_embed = nn.Embedding(config.n_positions, config.n_embd)
        self.drop = nn.Dropout(p=config.embd_pdrop)
        self.h = nn.CellList([Block(config.n_positions, config, scale=True) for _ in range(config.n_layer)])
        self.position_ids = ops.arange(config.n_positions)

        self.n_layer = self.config.n_layer
        self.output_attentions = self.config.output_attentions
        self.output_hidden_states = self.config.output_hidden_states

    def get_input_embeddings(self):
        """
        return the input embeddings layer
        """
        return self.tokens_embed

    def set_input_embeddings(self, value):
        """
        set the input embeddings layer
        """
        self.tokens_embed = value

    def _prune_heads(self, heads_to_prune):
        """
        Prunes heads of the model. heads_to_prune: dict of {layer_num: list of heads to prune in this layer}
        """
        for layer, heads in heads_to_prune.items():
            self.h[layer].attn.prune_heads(heads)

    def construct(
            self,
            input_ids=None,
            attention_mask=None,
            token_type_ids=None,
            position_ids=None,
            head_mask=None,
            inputs_embeds=None,
    ):
        if input_ids is not None and inputs_embeds is not None:
```

```python
                raise ValueError("You cannot specify both input_ids and inputs_
embeds at the same time")
        if input_ids is not None:
            input_shape = input_ids.shape
            input_ids = input_ids.view(-1, input_shape[-1])
        elif inputs_embeds is not None:
            input_shape = inputs_embeds.shape[:-1]
        else:
            raise ValueError("You have to specify either input_ids or inputs_
embeds")

        if position_ids is None:
            # Code is different from when we had a single embedding matrix
from position and token embeddings
            position_ids = self.position_ids[None, : input_shape[-1]]

        if attention_mask is not None:
            attention_mask = attention_mask.unsqueeze(1).unsqueeze(2)
            attention_mask = attention_mask.to(dtype=next(self.parameters()).
dtype)
            attention_mask = (1.0 - attention_mask) * Tensor(np.finfo(mindspore.
dtype_to_nptype(self.dtype)).min, self.dtype)

        # Prepare head mask if needed
        head_mask = self.get_head_mask(head_mask, self.n_layer)

        if inputs_embeds is None:
            inputs_embeds = self.tokens_embed(input_ids)
        position_embeds = self.positions_embed(position_ids)
        if token_type_ids is not None:
            token_type_ids = token_type_ids.view(-1, token_type_ids.shape[-1])
            token_type_embeds = self.tokens_embed(token_type_ids)
        else:
            token_type_embeds = 0
        hidden_states = inputs_embeds + position_embeds + token_type_embeds
        hidden_states = self.drop(hidden_states)

        output_shape = input_shape + (hidden_states.shape[-1],)

        all_attentions = ()
        all_hidden_states = ()
        for i, block in enumerate(self.h):
            if self.output_hidden_states:
                all_hidden_states = all_hidden_states + (hidden_states,)
```

```
            outputs = block(hidden_states, attention_mask, head_mask[i])
            hidden_states = outputs[0]
            if self.output_attentions:
                all_attentions = all_attentions + (outputs[1],)

        hidden_states = hidden_states.view(*output_shape)

        # Add last layer
        if self.output_hidden_states:
            all_hidden_states = all_hidden_states + (hidden_states,)

        return (hidden_states, all_hidden_states, all_attentions)
```

4.3.3 模型训练

代码 4.10 定义了模型训练模块,并且使用了混合精度技术,以提高模型训练的效率。混合精度技术是一种通过使用半精度浮点数来加速深度学习模型训练的技术。它利用混合精度进行前向和反向传播计算,在保持模型收敛性能的同时,大幅度减少了计算和内存开销。这样,我们可以在更大的批次大小下训练模型,加快训练速度,并节省训练所需的显存。对于情感分类任务中添加的 3 个特殊占位符(<bos>、<eos>、<pad>),我们需要在 Token Embedding 中调整词典的大小为 vocab_size + 3。这样,模型在处理这些特殊占位符时能够正确地找到对应的 Embedding 向量。

代码4.10　定义模型训练模块

```
from mindnlp.models import GPTForSequenceClassification
from mindnlp._legacy.amp import auto_mixed_precision

# set bert config and define parameters for training
model = GPTForSequenceClassification.from_pretrained('openai-gpt', num_labels=2)
model.pad_token_id = gpt_tokenizer.pad_token_id
model.resize_token_embeddings(model.config.vocab_size + 3)
model = auto_mixed_precision(model, 'O1')

loss = nn.CrossEntropyLoss()
optimizer = nn.Adam(model.trainable_params(), learning_rate=2e-5)
metric = Accuracy()

# define callbacks to save checkpoints
```

```
ckpoint_cb = CheckpointCallback(save_path='checkpoint', ckpt_name='sentiment_
model', epochs=1, keep_checkpoint_max=2)
best_model_cb = BestModelCallback(save_path='checkpoint', auto_load=True)

trainer = Trainer(network=model, train_dataset=dataset_train,
                  eval_dataset=dataset_val, metrics=metric,
                  epochs=3, loss_fn=loss, optimizer=optimizer, callbacks=
[ckpoint_cb, best_model_cb],
                  jit=True)
```

最后，通过代码 4.11 调用 trainer.run() 实现模型训练。

代码4.11　调用模型训练模块

```
trainer.run(tgt_columns="label")
```

4.3.4　模型评估

在完成模型训练之后，使用代码 4.12 调用 Evaluator() 评估模型在测试集上的表现。

代码4.12　定义模型评估模块

```
evaluator = Evaluator(network=model, eval_dataset=dataset_test, metrics=metric)
evaluator.run(tgt_columns="label")
```

4.4　参考文献

[1] VASWANI A, SHAZEER N, PARMAR N, et al. Attention is all you need[C]// Proceedings of the 31st International Conference on Neural Information Processing Systems. New York: Curran Associates Inc, 2017: 6000-6010.

[2] DEVLIN J, CHEN M W, LEE K, et al. BERT: pre-training of deep bidirectional transformers for language understanding[C]// Proceedings of the 2019 Conference of the North American Chapter of the Association for Computational Linguistics: Human Language Technologies. Minneapolis: Association for Computational Linguistics, 2019: 4171-4186.

[3] RADFORD A, NARASIMHAN K, SALIMANS T, et al. Improving language understanding by generative pre-training[EB/OL]. (2018)[2024-04-18].

第 5 章　GPT-2 实践

GPT-2 是 2019 年由 OpenAI 在 GPT 的基础上发布的改进版预训练语言模型。GPT-2 采用了更大型的模型规模，拥有更多的参数和更多的层次，从而显著提高了模型的生成能力和泛化性能。GPT-2 的主要目标是通过预训练和微调的方式，利用大规模的未标注文本数据，使得模型学习到丰富的语言知识和表示，并在特定的下游任务上展现强大的泛化能力。在预训练阶段，GPT-2 在大量未标注的文本数据上进行自回归训练，学习语言的统计规律和语义表征。预训练完成后，模型会保留预训练阶段的参数，并在特定任务的数据上进行微调，使其适应特定任务的要求。GPT-2 在自然语言生成任务中取得了重大突破，展现出令人瞩目的生成能力。其生成结果在文本质量、语法结构和语义连贯性等方面表现出色。此外，GPT-2 还在机器翻译、对话系统等多种 NLP 任务上取得了优异的表现，这成为自然语言生成领域的重要里程碑之一。

5.1 GPT-2 的基本原理

GPT-2 是一种基于 Transformer 架构的预训练语言模型，旨在解决 NLP 任务中的生成和理解问题。在介绍 GPT-2 的基本原理之前，我们先回顾 Transformer 架构的核心思想。

1. Transformer 架构

Transformer 架构是一种由 Vaswani 等人在 2017 年提出的深度学习架构，被广泛用于 NLP 任务。传统的序列模型，如 RNN 和长短期记忆（Long Short-Term Memory，LSTM）网络，在处理长序列和捕捉长距离依赖时存在一定的局限性。而 Transformer 架构采用自注意力机制，能够同时考虑所有输入序列中的位置关系，使模型能够更好地捕捉语义依赖关系，从而在语言建模和翻译等任务中取得了优异的效果。

2. 自回归语言模型

GPT-2 是一种自回归语言模型，它是基于预训练的方式进行训练的。在预训练阶段，模型接收一个无监督的文本语料库，目标是根据前面的词语预测下一个词语的概率分布。这样的预训练方式使模型学习到语言的统计规律和潜在的语义表示。在自回归语言模型中，GPT-2 将输入文本序列转化为向量表示，并通过 Transformer 解码器进行处理。解码器中的每一层都采用多头自注意力机制，它能够在不同位置之间建立有效的依赖关系,并在生成过程中保持上下文信息。模型从前到后逐步生成下一个词语,直到生成整个文本序列。

3. 多层堆叠的 Transformer 解码器

GPT-2 使用多层堆叠的 Transformer 解码器,这是 Transformer 架构的关键组件。每一层都由多头自注意力机制和前馈神经网络组成。多头自注意力机制能够在同一层上捕捉不同位置之间的依赖关系,使模型可以并行处理输入序列,提高了计算效率。前馈神经网络则通过非线性激活函数(如 ReLU 激活函数)实现位置感知的特征映射,从而进一步提高模型的表达能力。这种多层堆叠的 Transformer 解码器使 GPT-2 具备了强大的表示能力和泛化能力。模型可以学习到复杂的语义特征,并能够在各种下游任务上进行有效的微调,如文本生成、机器翻译和对话系统等。

通过预训练和微调的方式,GPT-2 能够在大规模未标注文本数据上学习到丰富的语言知识和表示,为各种自然语言生成任务提供强大的支持和解决方案。它的出现为 NLP 领域带来了新的技术突破和进步。

5.2 GPT-2 的技术创新与改进

GPT-2 作为 GPT 系列的进一步改进版本,引入了多项技术创新与改进,以提高模型的性能和泛化能力。以下是 GPT-2 的主要技术创新与改进。

1. 更大的模型规模

相较于 GPT,GPT-2 在模型规模上有了显著提升。GPT-2 采用更多的参数和更多的层次,使模型更加庞大和复杂。这种扩大模型规模的做法在一定程度上提高了模型的表示能力,使其能够学习到更丰富的语言知识和语义表示。

2. 预训练数据规模

GPT-2 的预训练阶段使用了更大规模的未标注文本数据。相比之下,GPT 的预训练数据规模较小。GPT-2 的预训练数据集包含大量的网页文本、书籍、新闻和论坛数据等,使得模型在预训练阶段可以更充分地学习语言的统计规律和语义表示。

3. 多头注意力机制

GPT-2 在多层堆叠的 Transformer 解码器中采用了更复杂的多头注意力机制。多头注意力机制允许模型在不同位置和不同特征之间进行自注意力操作,从而可以同时捕捉到不同层次的语义依赖关系。多头注意力机制使模型能够更好地理解输入文本的上下文信息，进一步提高了生成文本的质量和连贯性。

4. 上下文窗口的大小选择

GPT-2 采用了更大的上下文窗口，即模型可以考虑使用更长的文本序列作为上下文。这种技术创新与改进使得模型在生成文本时可以更好地把握上下文的整体信息，避免了在处理长文本时可能出现的信息丢失问题。

5. 混合精度训练技术

GPT-2 引入了混合精度训练技术，通过使用 16 位浮点数表示模型参数，有效地减少了模型训练过程中的内存占用和计算开销。这种技术创新与改进大大加快了模型的训练速度，同时减少了训练所需的显存，使得训练更加高效。

6. 稀疏注意力机制

GPT-2 还尝试了稀疏注意力机制的优化方法，通过对注意力矩阵进行稀疏化处理，进一步降低了模型的计算复杂性。稀疏注意力机制减少了不必要的计算，提高了模型的训练和推理效率。

7. 动态评分缩放

为了应对模型规模的扩大带来的计算困难，GPT-2 引入了动态评分缩放技术。该技术可以根据不同任务的复杂性，自适应地调整多头注意力机制的评分缩放因子，以平衡计算开销和模型性能。

这些技术创新与改进使 GPT-2 在自然语言生成任务中表现出色，逐渐成为自然语言生成领域的佼佼者。同时，这些技术创新与改进的引入也为 NLP 领域带来了新的思路和方法，推动了深度学习技术在 NLP 任务中的不断发展和完善。

5.3 GPT-2 的优缺点

GPT-2 模型有如下优点。

①生成能力强大：GPT-2 在自然语言生成任务中表现出色，能够生成高质量、连贯且富有创造性的文本。其预训练模型具备丰富的语言知识和表示，使得生成结果更加符合自然语言的规律和语义。

②泛化能力优秀：通过预训练和微调的方式，GPT-2 能够适应各种下游任务，如文本生成、机器翻译和对话系统等。它在不同任务中都表现出优秀的泛化能力，

可以灵活适应不同任务的要求。

③不需要特定任务架构：GPT-2采用统一的Transformer解码器，无须针对特定任务设计特定架构。这使得模型的设计更加简洁和通用，同时节省了大量的模型训练和设计成本。

④大规模未标注文本数据的利用：GPT-2的预训练阶段利用了大规模的未标注文本数据，从中学习到全局的语言统计规律和语义表示。这种方式使模型的预训练效果更加充分，使GPT-2具备更强大的语言理解能力。

GPT-2同时面临下列挑战。

①计算资源消耗大：GPT-2采用更大的模型规模和多层堆叠的Transformer解码器，导致其计算资源消耗非常大。这限制了GPT-2在实际应用中的使用，因为它需要强大的计算设备和显存来支持。

②过度"自信"的生成结果：有时候，GPT-2生成的文本会显得过度"自信"，缺乏对生成结果的置信度评估。这可能导致生成的文本出现不准确或不合理的情况。

③社会伦理问题：GPT-2的强大生成能力也带来了一些社会伦理问题，如GPT-2可能被滥用于进行虚假信息生成和伪造等不良行为。因此，对GPT-2的使用和应用需要谨慎，并需要严格的监管和控制。

④生成结果的重复问题：GPT-2在生成长文本时，有可能会出现连续几个词元重复的现象，导致生成结果缺乏多样性和变化。这可能影响生成结果的多样性和质量。

⑤模型解释性差：GPT-2作为深度学习模型，其内部结构复杂，模型参数众多，导致其解释性较差。这使得用户难以理解模型的决策过程和生成结果的来源。

虽然GPT-2在自然语言生成任务中取得了显著优势，但仍面临一系列挑战和限制。战胜和突破这些挑战和限制需要进一步研究和创新，以推动自然语言生成技术的发展和应用。同时，在使用GPT-2的过程中，需要注意其潜在的风险和影响，并制定相应的措施来确保模型的合理使用。

5.4 使用MindSpore实现GPT-2的微调

本节展示如何使用MindSpore实现GPT-2模型的微调，具体步骤如下。

第一步，加载相关代码库，如代码5.1所示。

代码5.1　加载相关代码库模块

```python
import mindspore
import argparse
import numpy as np
import logging
import mindspore.dataset as ds
import os

import json

from tqdm import tqdm
from datetime import datetime
from mindspore.nn import CrossEntropyLoss
from mindspore import nn, ops
from mindspore.train.serialization import save_checkpoint
from mindspore.dataset import TextFileDataset

from mindnlp.transforms import BertTokenizer
from mindnlp.modules import Accumulator
from mindnlp.models import GPT2Config, GPT2LMHeadModel
```

第二步，设置模型训练参数，如代码 5.2 所示。

代码5.2　设置模型训练参数模块

```python
epochs = 6
batch_size = 8
lr = 1e-4
warmup_steps = 2000
accumulate_step = 2
max_grad_norm = 1.0
log_step = 100
```

第三步，加载数据集，如代码 5.3 所示。

代码5.3　加载数据集模块

```python
from mindnlp.utils import cache_file

url = 'https://download.mindspore.cn/toolkits/mindnlp/dataset/text_generation/xxx/train_with_summ.txt'
path, _ = cache_file('train_with_summ.txt', './', url)
dataset = TextFileDataset(str(path), shuffle=False)
train_dataset, eval_dataset, test_dataset = dataset.split([0.8, 0.1, 0.1])
```

第四步，数据预处理，如代码 5.4 所示。

代码5.4　数据预处理模块

```
def process_dataset(dataset, tokenizer, batch_size=8, max_seq_len=1024, shuffle=False):
    def read_map(text):
        data = json.loads(text.tobytes())
        return np.array(data['article']), np.array(data['summarization'])

    def merge_and_pad(article, summary):
        article_len = len(article)
        summary_len = len(summary)

        sep_id = np.array([tokenizer.sep_token_id])
        pad_id = np.array([tokenizer.pad_token_id])
        if article_len + summary_len > max_seq_len:
            new_article_len = max_seq_len - summary_len
            merged = np.concatenate([article[:new_article_len], sep_id, summary[1:]])
        elif article_len + summary_len - 1 < max_seq_len:
            pad_len = max_seq_len - article_len - summary_len + 1
            pad_text = np.array([tokenizer.pad_token_id] * pad_len)
            merged = np.concatenate([article, summary[1:], pad_text])
        else:
            merged = np.concatenate([article, summary[1:]])

        return merged.astype(np.int32)

    dataset = dataset.map(read_map, 'text', ['article', 'summary'], ['article', 'summary'])
    dataset = dataset.map(tokenizer, 'article')
    dataset = dataset.map(tokenizer, 'summary')
    dataset = dataset.map(merge_and_pad, ['article', 'summary'], ['input_ids'], ['input_ids'])

    dataset = dataset.batch(batch_size)
    if shuffle:
        dataset = dataset.shuffle(batch_size)

    return dataset

tokenizer = BertTokenizer.from_pretrained('bert-base-chinese')
train_dataset = process_dataset(train_dataset, tokenizer)
eval_dataset = process_dataset(eval_dataset, tokenizer)
test_dataset = process_dataset(test_dataset, tokenizer)
```

第五步，加载 GPT-2 模型，如代码 5.5 所示。

代码5.5　加载GPT-2模型模块

```
import os
import mindspore
from mindnlp._legacy.amp import auto_mixed_precision

config = GPT2Config(vocab_size=len(tokenizer))
model = GPT2LMHeadModel(config, ignore_index=tokenizer.pad_token_id)
model = auto_mixed_precision(model, 'O1')

optimizer = nn.AdamWeightDecay(model.trainable_params(), lr)
accumulator = Accumulator(optimizer, accumulate_step, max_grad_norm)
```

第六步，定义模型训练，如代码5.6所示。

代码5.6　定义模型训练模块

```
from mindspore import ops, ms_function
from mindspore.amp import init_status, all_finite, DynamicLossScaler
# Define forward function

loss_scaler = DynamicLossScaler(scale_value=2**10, scale_factor=2, scale_window=1000)

def forward_fn(input_ids, labels):
    outputs = model(input_ids, labels=labels)
    loss = outputs[0]
    return loss_scaler.scale(loss / accumulate_step)

# Get gradient function
grad_fn = ops.value_and_grad(forward_fn, None, model.trainable_params())

# Define function of one-step training
@ms_function
def train_step(data, label):
    status = init_status()
    data = ops.depend(data, status)
    loss, grads = grad_fn(data, label)
    loss = loss_scaler.unscale(loss)

    is_finite = all_finite(grads, status)
    if is_finite:
        grads = loss_scaler.unscale(grads)
        loss = ops.depend(loss, accumulator(grads))
    loss = ops.depend(loss, loss_scaler.adjust(is_finite))
    return loss, is_finite
```

第七步，模型训练，如代码 5.7 所示。

代码5.7　模型训练模块

```python
from tqdm import tqdm

total = train_dataset.get_dataset_size()

for epoch in range(epochs):
    with tqdm(total=total) as progress:
        progress.set_description(f'Epoch {epoch}')
        loss_total = 0
        cur_step_nums = 0
        for batch_idx, (input_ids,) in enumerate(train_dataset.create_tuple_iterator()):
            cur_step_nums += 1
            loss, is_finite = train_step(input_ids, input_ids)
            loss_total += loss
            progress.set_postfix(loss=loss_total/cur_step_nums, finite=is_finite, scale_value=loss_scaler.scale_value.asnumpy())
            progress.update(1)
        save_checkpoint(model, f'gpt_summarization_epoch_{epoch}.ckpt')
```

5.5　参考文献

[1] VASWANI A, SHAZEER N, PARMAR N, et al. Attention is all you need[C]// Proceedings of the 31st International Conference on Neural Information Processing Systems. New York: Curran Associates Inc, 2017: 6000-6010.

[2] DEVLIN J, CHEN M W, LEE K, et al. BERT: pre-training of deep bidirectional transformers for language understanding[C]// Proceedings of the 2019 Conference of the North American Chapter of the Association for Computational Linguistics: Human Language Technologies. Minneapolis: Association for Computational Linguistics, 2019: 4171-4186.

[3] RADFORD A, NARASIMHAN K, SALIMANS T, et al. Improving language understanding by generative pre-training[EB/OL]. (2018)[2024-04-18].

[4] RADFORD A, WU J, CHILD R, et al. Language models are unsupervised multitask learners[EB/OL]. (2019)[2024-04-18].

第 6 章 自动并行

随着深度学习的快速发展，为了提升神经网络的精度和泛化能力，数据集规模和参数量都在呈指数级上升。分布式并行训练成为一种突破超大规模神经网络性能瓶颈的发展趋势。

为了应对数据集规模过大的问题，MindSpore 引入了数据并行模式，利用多个设备的计算资源，同时处理更多的训练数据，加快模型训练速度。同时，当数据集规模过大或模型规模过大导致无法在单个计算节点上加载训练时，需要引入模型并行训练，每个计算节点只需要加载部分模型和数据，这样可以减少内存占用，提高训练效率。在分布式并行编程范式的演进中，对于传统的手动并行，用户需要基于通信原语通过编码手动把模型切分到多个计算节点上并行，用户需要熟悉并操作图切分、算子切分、集群拓扑，才能实现最优性能。这种编程范式对于工程师提出了一定的要求，于是业界提出了半自动并行：并行逻辑和算法逻辑解耦，用户按单卡串行的方式编写算法代码，并行逻辑作为算法配置。用户只需要配置并行策略实现自动并行切分，无须额外编写代码；用户无须感知模型切片的调度及集群拓扑。全自动并行训练编程范式则更进一步，用户只需要编写单卡串行算法，通过搜索算法自动生成较优的切分策略。

MindSpore 通过集合通信的方式实现并行训练过程中的数据通信和同步操作，在昇腾（Ascend）芯片上它依赖于华为集合通信库（Huawei Collective Communication Library，HCCL），在 GPU 上它依赖于英伟达集合通信库（NVIDIA Collective Communication Library，NCCL）。MindSpore 目前采用的是同步训练模式，同步训练模式能够保证所有设备上的参数保持一致，在每轮训练迭代开始前所有设备上的参数都被同步。

6.1 数据并行原理

本节介绍在 MindSpore 中 ParallelMode.DATA_PARALLEL 数据并行模式是如何工作的，数据并行流程如图 6.1 所示。

第6章 自动并行

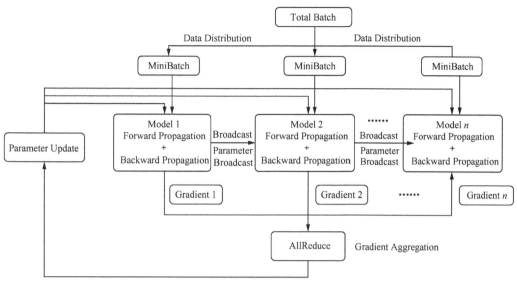

图6.1 数据并行流程

1. 环境依赖

每次开始进行并行训练前,通过调用 mindspore.communication.init 接口初始化通信资源,并自动创建全局通信组 WORLD_COMM_GROUP。

2. 数据并行流程

(1) 数据分发(Data Distribution)

数据并行的核心在于将数据集拆分,下发到不同的卡上作为模型的输入进行训练,即数据分发。在 mindspore.dataset 模块提供的所有数据集加载接口中都有 num_shards 和 shard_id 两个参数,它们用于将数据集拆分为多份并通过循环采样的方式,采集批次(Batch)大小的数据到各自的卡上,当出现数据量不足的情况时将会从头开始采样。

(2) 参数广播(Parameter Broadcast)

数据并行网络的书写方式与单机网络的书写方式没有差别,这是因为在正向传播(Forward Propagation)和反向传播(Backward Propagation)过程中各卡的模型是独立执行的,只是保持了相同的网络结构。唯一需要特别注意的是,为了保证各卡训练同步,相应的网络参数初始化值应当是一致的,在 DATA_PRALLEL 和 HYBRID_PARALLEL 模式下建议通过使能参数广播达到权重广播的目的;在 AUTO_PARALLEL 和 SEMI_AUTO_PARALLEL 模式下,MindSpore 框架内部会自动分析参数的并行度,并设置相应的随机数种子,保证在数据并行维度的设备上参数初始化值一致。

（3）梯度聚合（Gradient Aggregation）

数据并行理论上应该实现和单机一致的训练效果，为了保证计算逻辑的一致性，在梯度计算完成后插入 AllReduce 算子实现各卡间的梯度聚合操作。MindSpore 设置了 mean 开关，用户可以选择是否对求和后的梯度值进行求平均操作，也可以将其视为超参项，打开开关等价于学习率倍数缩小。

（4）参数更新（Parameter Update）

因为引入了梯度聚合步骤，所以各卡的模型会以相同的梯度值一起进入参数更新步骤。因此 MindSpore 实现的是一种同步数据并行训练方式。理论上最终各卡训练得到的模型是相同的，如果网络中含有在样本维度的归约类型操作，网络的输出可能会有所差别，这是由数据并行的切分性质决定的。

6.2 算子并行原理

算子并行通过将网络模型中每个算子涉及的张量进行切分，减少单个设备的内存消耗，从而使大语言模型的训练成为可能。

MindSpore 对每个算子独立建模，用户可以设置正向网络中每个算子的切分策略。在构图阶段，框架将遍历正向图，根据算子的切分策略对每个算子及其输入张量进行切分建模，使该算子的计算逻辑在切分前后保持数学等价。框架内部使用张量布局（Tensor Layout）表示输入/输出张量在集群中的分布状态，张量布局中包含张量和设备间的映射关系，用户无须感知模型各切片在集群中的分布状态，框架将自动调度分配各切片。框架还将遍历相邻算子间张量的张量布局，如果将前一个算子的输出张量作为后一个算子的输入张量，并且前一个算子输出张量的张量布局与后一个算子输入张量的张量布局不同，则需要在两个算子之间进行张量重排布（Tensor Redistribution）。对于训练网络来说，框架处理完正向算子的分布式切分之后，依靠框架的自动微分能力能自动完成反向算子的分布式切分。

张量布局用于描述张量在集群中的分布信息，张量可以按某些维度切分到集群，也可以在集群上复制。下面这个例子中，将一个二维矩阵切分到两个节点，有 3 种切分方式，即行切分、列切分及复制（每种切分方式都对应一种张量布局），如图 6.2 所示。

$$X = \begin{pmatrix} x_{00} & x_{01} \\ x_{10} & x_{11} \end{pmatrix}$$

行切分　　　　　列切分　　　　　复制

$(x_{00}\ x_{01})$　　　$\begin{pmatrix} x_{00} \\ x_{10} \end{pmatrix}$　　　$\begin{pmatrix} x_{00} & x_{01} \\ x_{10} & x_{11} \end{pmatrix}$

$(x_{10}\ x_{11})$　　　$\begin{pmatrix} x_{01} \\ x_{11} \end{pmatrix}$　　　$\begin{pmatrix} x_{00} & x_{01} \\ x_{10} & x_{11} \end{pmatrix}$

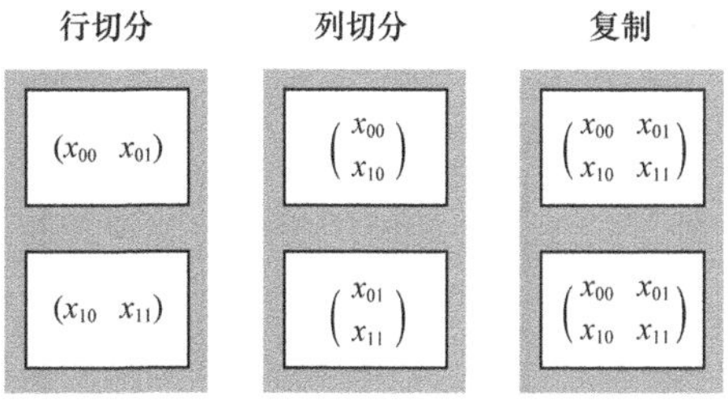

图6.2　将二维矩阵切分到两个节点示例

如果将二维矩阵切分到 4 个节点，则有 4 种切分方式，分别为行列切分、复制、行切分 + 复制、列切分 + 复制，如图 6.3 所示。

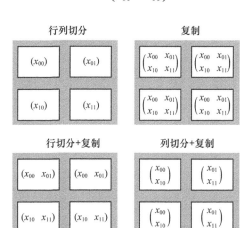

图6.3　将二维矩阵切分到4个节点示例

张量重排布用于处理不同张量布局之间的转换，它能在集群中将张量从一种排布转换成另外一种排布。所有张量重排布操作，都会被分解成"集合通信（Collective Comunication）+ 切分（Split）+ 拼接（Concat）"等算子组合。图 6.4 和图 6.5 说明了几种张量重排布的操作。

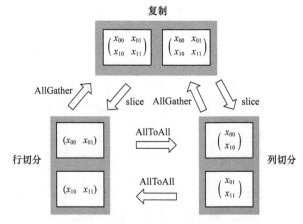

图6.4　张量在两个节点间的重排布

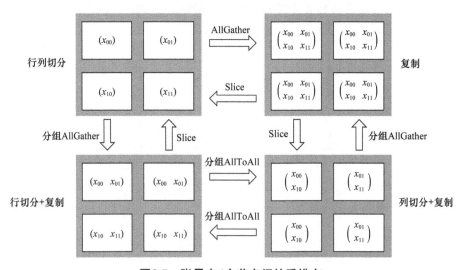

图6.5　张量在4个节点间的重排布

6.3　优化器并行原理

6.3.1　背景及意义

在进行数据并行训练时，模型的参数更新部分在各卡间存在冗余计算，优化器并行通过将优化器的计算量分散到数据并行维度的卡上，在大规模网络模型（例如BERT、GPT）上可以有效减少内存消耗并提升网络性能。

在数据并行模式下使能优化器并行，框架会将需要更新的参数分散到不同卡上，各自更新后再通过 Broadcast 算子在集群间进行权重共享。需要注意的是，参数量应当大于机器数，当前只支持 LAMB 和 AdamWeightDecay 优化器。

在 AUTO_PARALLEL 或 SEMI_AUTO_PARALLEL 模式下使能优化器并行，如果经过策略切分后的参数在机器间存在重复切片，并且参数形状（Shape）的最高维可以被重复切片的卡数整除，框架会以最小切片的方式保存参数并在优化器中更新参数。这两种模式支持所有优化器。

无论哪种模式，优化器并行都不会影响原有正反向网络的计算图（Computational Graph），只会影响参数更新的计算量和计算逻辑。

6.3.2 基本原理

传统的数据并行模式在每台设备上都保有副本模型参数，训练框架对训练数据进行切分，在每次迭代后利用通信算子同步梯度信息，最后通过优化器计算对参数进行更新。数据并行虽然能够有效提升训练吞吐量，但并没有最大限度地利用机器资源。其中优化器会引入冗余内存和计算，消除这些冗余内存和计算是需要关注的优化点。

在一个训练迭代中，数据并行为了收集各卡上不同样本产生的参数梯度，引入通信操作将梯度在多卡间同步。因为不涉及模型并行，每张卡上的优化器运算其实是基于相同的参数、在相同的方向上更新的。而消除优化器引入的冗余内存和计算的根本思想就是将这部分内存和计算量分散到各卡上，实现内存和性能的收益。

如果要对优化器实现并行运算，有两种实现方案，即参数分组（Weight Group）和参数切分（Weight Shard）。参数分组是将优化器内的参数及梯度进行层间划分，其训练流程如图 6.6 所示。将参数（FP/BP）和梯度分组放到不同设备（OPT）上更新，再通过通信广播（Broadcast）操作在设备间共享更新后的权重。该方案的内存和性能收益取决于参数比例最大的参数分组。当参数均匀划分时，理论上带来的正收益是 $N-\frac{1}{N}$ 倍的优化器运行时间和动态内存，以及 $N-\frac{1}{N}$ 倍的优化器状态参数内存，其中 N 表示设备数。而引入的负收益是共享网络权重产生的通信时间。

参数切分是对参数进行层内划分，对每一个参数及梯度根据设备号取其对应切片，各自更新后再调用通信聚合操作在设备间共享参数。这种方案的优点是天然支持负载均衡，即每张卡上参数量和计算量一致；缺点是对参数形状有整除设备数要求。该方案的理论收益与参数分组的理论收益一致，为了扩大优势，参数切分做了如下几点改进。

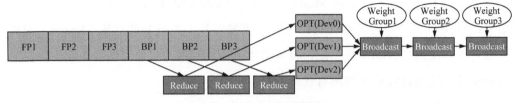

图6.6 参数分组训练流程

第一，对网络中的权重进行切分，可以进一步减少静态内存。但这也需要将迭代末尾的共享权重操作移动到下一轮迭代的正向启动前执行，保证进入正反向运算的参数依旧是原始张量形状。第二，优化器并行运算带来的主要负收益是共享网络权重产生的通信时间，如果能够将其减少或去除，就可以带来性能上的提升。通信跨迭代执行的好处就是可以通过对通信算子进行适当分组融合，将通信操作与正向网络交叠执行，从而尽可能减少通信时间。第三，通信时间还与通信量有关，对于涉及混合精度技术的网络，如果能够使用 FP16 通信，通信量相比 FP32 将减少一半。综合上述特点，参数切分训练流程如图 6.7 所示。

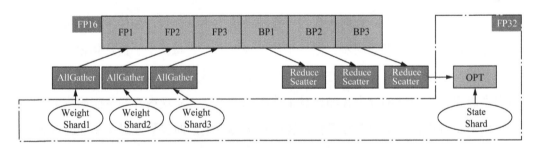

图6.7 参数切分训练流程

在实际网络训练的测试验证中可以发现参数切分带来的内存收益是显著的。尤其是对于大规模网络模型而言，通常选择当下流行的 Adam 算法和 LAMB 算法训练网络，优化器自身的参数量和计算量不容忽视。经过参数分组，网络中的权重参数量和优化器中的两个状态参数量都降低为 $\frac{1}{N}$，极大节省了静态内存空间。这为增大单轮迭代样本数量、提升整体训练吞吐量提供了可能，有效缓解了大规模网络模型训练的内存压力。

MindSpore 实现的优化器参数切分还具有可以与算子并行混合使用的优势。当算子模型并行参数在数据并行维度未切满时，可以继续进行优化器参数切分，提升机器资源的利用率，从而提升模型的端到端性能。

6.4 流水线并行原理

6.4.1 背景及意义

近年来，神经网络的规模几乎呈指数型增长。受单卡内存的限制，训练这些大语言模型用到的设备数量也在不断增加。受服务器（Server）间通信带宽低的影响，传统数据并行叠加模型并行的混合并行模式性能表现欠佳，需要引入流水线（Pipeline）并行。流水线并行能够将模型在空间上按阶段（Stage）进行切分，每个阶段只需要执行网络的一部分，大大节省了内存开销，同时缩小了通信域，缩短了通信时间。MindSpore 能够根据用户的配置，将单机模型自动转换成流水线并行模式执行。

6.4.2 基本原理

流水线并行是将神经网络中的算子切分成多个阶段，再把阶段映射到不同的设备上，使不同设备计算神经网络的不同部分。流水线并行适用于模型是线性的图结构。如图 6.8 所示，将 4 层 MatMul 的网络切分成 4 个阶段，并将各阶段分布到 4 台设备上。正向计算时，每台设备在计算完本设备上的 MatMul 后，将结果通过通信算子发送（Send）给下一台设备，同时，下一台设备通过通信算子接收（Receive）上一台设备上 MatMul 的计算结果，同时开始计算本设备上的 MatMul；反向计算时，最后一台设备的梯度计算完成之后，将结果发送给上一台设备，同时，上一台设备接收最后一台设备的梯度计算结果，并开始计算本设备的梯度。

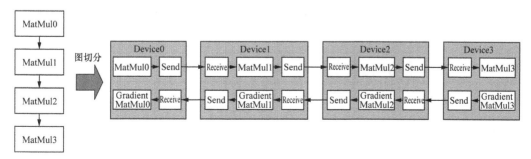

图6.8 流水线并行的图切分

简单地将模型切分到多台设备上并不会带来性能的提升，因为模型是线性结构，所以同一时刻只有一台设备在工作，而其他设备在等待，造成了资源的浪费。为了提升效率，流水线并行进一步将小批次（MiniBatch）切分成更细粒度的微批次（MicroBatch），在微批次中采用流水线式的执行顺序，从而达到提升效率的目的，如图 6.9 所示。将小批次切分成 4 个微批次，4 个微批次在 4 个组上执行，形成流水线。微批次的梯度汇聚后用来更新参数，其中每台设备只保存并更新对应组的参数。编号代表微批次的索引。

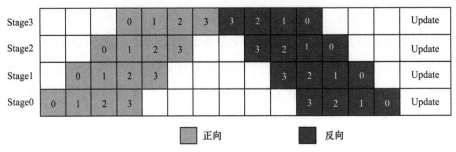

图6.9　带微批次的流水线并行执行时间线

MindSpore 流水线并行的实现对执行顺序进行了调整，以获得更优的内存管理。如图 6.10 所示，在编号为 0 的微批次正向执行完成后立即执行其反向，这样做使编号为 0 的微批次中间结果的内存更早地（相较于图 6.9 所示的执行顺序）释放，进而确保内存使用的峰值比图 6.9 所示的方式更低。

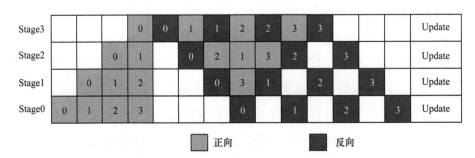

图6.10　MindSpore流水线并行执行时间线

6.5　MoE 并行原理

6.5.1　背景及意义

从经验上看，传统神经网络随着模型规模的增长，其模型精度会逐渐趋于饱和，而基于 Transformer 架构的新型网络模型却能通过增加模型的参数量获得模型精度的持续提升,且还未有饱和的迹象。由此,增加模型的参数量,即增大语言模型规模成了提升 Transformer 模型能力最直接、有效的方式之一。但是模型参数量的增加也带来了计算开销的增加,这也成了模型规模增大的瓶颈。

混合专家(Mixture of Experts,MoE)系统是在神经网络领域发展起来的一种集成学习(Ensemble Learning)技术。传统的深度学习模型在训练时,对于每个输入样本,整个神经网络都会参与计算。随着模型规模越来越大,训练使用的样本数据越来越多,用户越来越难以承受训练的开销。而 MoE 可以动态激活部分神经网络,从而实现在不增加计算量的前提下大幅度增加模型参数量。MoE 技术目前是训练万亿级参数量模型的关键技术。MoE 将预测建模任务分解为若干子任务,在每个子任务上训练一个专家模型(Expert Model),且由一个门控模型(Gating Model)根据要预测的输入来学习信任哪个专家模型,并组合预测结果。尽管该技术最初是使用专家模型和门控模型来描述的,但它可以推广到使用任何类型的模型。

MoE 系统实现了在预测建模任务的子任务上培训专家模型的想法。在神经网络社区中,研究人员研究了分解输入空间的 MoE 方法,以便每个专家模型检查空间的不同部分,门控网络(Gating Network)负责组合各种专家模型。在 MoE 架构中,一组专家模型和一个门控模型相互合作,通过将输入空间划分为一组嵌套的区域来解决非线性监督学习问题,如图 6.11 所示。

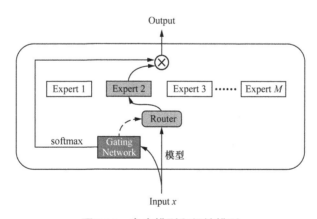

图6.11 专家模型和门控模型

门控模型对整个输入空间进行软分割,专家模型在这些区域的分区中学习特定的参数。可以使用期望最大化(Expectation Maximization,EM)算法学习专家模型和门控模型中的这些参数。

6.5.2 算法原理

图 6.12 所示为 MoE 模型和 Transformer 模型的结合，除了包含 Transformer 模型原有的词嵌入、位置编码、多头注意力机制、Add & Norm，它还将 Transformer 模型的前馈神经网络模块分解成多个并行的专家模型。同时，可以使用 MoE 并行的方式将专家模型分布到不同的节点（Worker）上，并且每个节点承担不同批次的训练数据。序列中的词元通过 AllToAll 通信被发送到与它们相匹配的专家所对应的节点。在完成对应专家的计算后，再通过 AllToAll 重新传回原来的节点，组织成原始序列，用于下一层的计算。

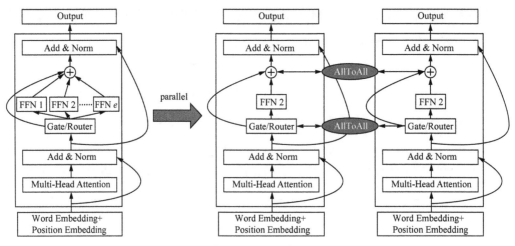

图6.12 MoE并行

在发送词元之前，需要确定每个词元归属于哪个专家模型，这个任务由门控模型来完成。门控模型用于解释每个专家模型所做的预测，并帮助决定给定输入信任哪个专家模型。同时，门控模型也是一个神经网络模型。门控模型将提供给专家模型的输入模式作为输入，并输出每个专家模型在对输入进行预测时应该做出的贡献。门控模型的权重是根据给定输入动态分配的，它决定了每个集成成员学习特征空间的哪个部分。门控模型是 MoE 的关键，它能有效地为给定输入选择合适的专家模型，反过来，专家模型可以利用门控模型筛选出的数据强化自身的专家能力。MoE 也可以看作一种分类器选择算法，其中单个分类器被训练成特征空间某些部分的专家模型。当使用神经网络模型时，门控模型和专家模型一起训练，以便门控模型学习何时信任每个专家模型进行预测。这种训练过程传统上是使用 EM 算法来实现的。门控网络可能有一个 softmax 输出，它为每个专家模型提供类似概率的置信度分数。一般来说，训练过程试图实现两个目标：对于给定的专家，找到最优的门控模型（通常由一个门控函数来描述）；对于给定的门控模型，针对其指定的分布训练专家模型。

常见的门控模型有 Switch Router、Topk Router、Hash Router 等。在确定每个词元的归属后，每个节点需要将它当前的词元进行位置重排，便于后续的分发。现有的框架大多采用 batch_matmul 的方式来完成这个步骤，即和一个 one-hot 矩阵相乘。其缺陷就是需要消耗非常多的计算和存储资源。另一种更加高效、简单的方式是采用 gather 的方法完成对词元的抽取，从而实现重排。

在完成词元重排后，每个节点采用 AllToAll 的方式将数据分发到其他节点，并接收其他节点发送的数据。此时所有的词元都被输送给它对应的专家，然后经过专家模型的计算，再通过 AllToAll 的方式分发回原来的节点。每个节点需要进一步对序列进行重排以恢复原来的序列排序。自此，一个 MoE 网络的前向流程就描述完毕。

6.6 自动并行策略搜索

前文介绍了 MindSpore 提供给用户的不同并行切分维度，包括数据并行、算子并行、优化器并行、流水线并行、MoE 并行，用户只需要调用上述并行切分接口而不必关心如何实现并行切分代码。尽管上述并行切分接口将用户从复杂的分布式代码开发中解放出来，用户不再需要考虑设备间的数据存储和通信，大大降低了用户开发分布式人工智能大语言模型的难度，但是用户仍然需要为网络选择合适的混合并行策略，因为不同的混合并行策略的训练性能相差很大。一方面，用户需要具备相应的并行知识并根据网络结构、集群拓扑等进行分析，才能在巨大的搜索空间中选择合适的混合并行策略。而现实情况是人工智能框架的主要用户是人工智能研究人员和工程师，他们恰恰不一定具备专业的并行知识。另一方面，面对巨大的搜索空间，为大语言模型找到合适的混合并行策略需要数人月的人工调优成本，却仍然不能保证策略最优。例如 DeepSpeed、Megatron 等针对 Transformer 架构的网络模型的专家定制策略，仍然需要用户定义 dp、mp、pp 等配置，更何况网络模型的架构不止 Transformer 架构一种。基于以上两方面原因，MindSpore 提供了多种自动混合并行策略生成方案，尽量减弱用户对于并行配置的感知，让用户能够快速、高效、容易地训练大语言模型。

本节介绍在 MindSpore 中 ParallelMode.AUTO_PARALLEL 全自动并行模式是如何工作的。

6.6.1 策略搜索定位

全自动并行基于 MindSpore 自动并行框架，以自动并行策略搜索算法代替专家配置并行策略。图 6.13 展示了使用 MindSpore 分布式训练或推理一个神经网络的过程，用户使用 Python 语言开发自己的神经网络模型（或由 MindIR 导入），经 MindSpore 解析成计算图，自动并行处理模块（Auto Parallel Module）需要获取针对计算图的并行策略，对策略进行张量排布分析、分布式算子分析、设备管理及进行整图切分等操作，将策略传递给后端进行计算。获取针对计算图的并行策略有两种方式：一种方式是通过专家经验进行分析，手工写入并行策略（Semi-Auto Parallel），另一种更好的方式是通过自动并行策略搜索模块（Auto Parallel Search Module）算法搜索到较优的策略。

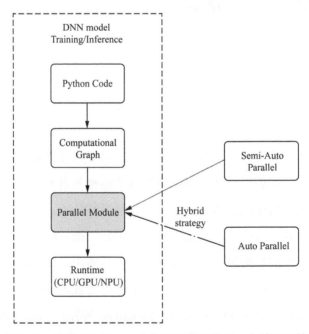

图6.13 使用MindSpore分布式训练或推理一个神经网络

实际上，自动并行策略搜索模块负责在给定神经网络模型和集群配置下，找到适合的并行策略，所采用的关键技术是基于代价模型（Cost Model）的策略搜索算法，即构建代价模型来描述在分布式训练场景下所产生的计算代价（Computation Cost）与通信代价（Communication Cost），以内存开销（Memory Cost）为约束条件，通过计算图搜索算法，高效地搜索出性能较优的并行策略。

6.6.2 策略搜索算法

全自动并行的实现难度非常大，MindSpore 根据需要用户介入的程度，将提供的策略搜索算法分成 L1 级别和 L2 级别（此处我们假设手工配置全图策略算法 SEMI_AUTO 为 L0 级别；理想的、完全不需要用户介入的算法为 L3 级别）。

L1 级别的策略搜索算法叫作策略广播（Sharding Propagation）算法，在这种算法中，用户仅需要手动定义几个关键算子的策略，计算图中其余算子的策略由算法自动生成。策略广播算法的思想来源于 ML 计算图的通用可扩展并行化（General and Scalable Parallelization for ML Computation Graphs，GSPMD）。因为关键算子的策略已被定义，该算法的代价模型主要描述算子之间的重排布代价（Redistribution Cost），其优化目标为全图重排布代价最小。因为已经定义了关键算子的策略，相当于人为压缩了搜索空间，这种算法的搜索时间较短，其策略性能依赖于关键算子的策略定义，因此仍然要求用户具备分析、定义策略的能力。

L2 级别的策略搜索算法有两种，分别是动态规划（Dynamic Programming）算法和符号自动并行规划器（Symbolic Automatic Parallel Planner，SAPP）算法。两种算法各有优劣，动态规划算法基于 TensorOpt 建立全图的代价模型，包括计算代价和通信代价，用于描述分布式训练过程中的绝对时延，使用边消除和点消除等价方法压缩搜索时间，但是搜索空间随着设备数和算子数的增加而呈指数级增大，因此对于大语言模型、大集群来说，动态规划算法的效率不高。而 SAPP 算法基于对称多阶硬件抽象，建立符号化的代价模型，递归地对模型进行二分，将指数级的搜索复杂度降低到线性级，对于巨大网络及大规模集群切分能够快速生成最优策略。SAPP 算法基于并行原理建模，通过建立抽象机来描述硬件集群拓扑，根据符号化简优化代价模型。它的代价模型比较的不是预估的绝对时延，而是不同并行策略的相对代价，因此能够大大压缩搜索空间，对于百卡集群，能够保证分钟级的搜索时间。

6.6.3 MindSpore 实践

在 MindSpore 上,策略广播算法和 SAPP 算法目前支持"手工定义流水线+自动算子级"并行,且可与重计算、优化器并行等优化共同使用。动态规划算法仅支持自动算子级并行。在 MindSpore 中调用 6.6.2 小节介绍的 3 种策略搜索算法的方式十分简单,仅需要在网络训练的入口 Python 文件中添加 set_auto_parallel_context 进行设置。用户可以通过代码 6.1 设置上述的策略搜索算法。

代码6.1 策略搜索算法配置

```python
import mindspore as ms
# 设置动态规划算法进行策略搜索
ms.set_auto_parallel_context(parallel_mode=ms.ParallelMode.AUTO_PARALLEL, search_mode="dynamic_programming")
# 设置 SAPP 算法进行策略搜索
ms.set_auto_parallel_context(parallel_mode=ms.ParallelMode.AUTO_PARALLEL, search_mode="recursive_programming")
# 设置策略广播算法进行策略搜索
ms.set_auto_parallel_context(parallel_mode=ms.ParallelMode.AUTO_PARALLEL, search_mode="sharding_propagation")
```

SAPP 算法和动态规划算法作为 L2 级别的策略生成算法,无须用户配置任何策略,只需要配置代码 6.1 所示的接口。在策略广播算法下,用户需要配置少数几个关键算子的策略,算法将用户配置的切分策略广播到整个模型。

6.7 异构计算

异构计算训练方法通过分析图上算子的内存消耗和计算密集度,将内存消耗巨大或适合 CPU 逻辑处理的算子切分到 CPU 子图,将内存消耗较小的计算密集型算子切分到硬件加速器子图,框架协同不同子图进行网络训练,使得不同硬件中无依赖关系的子图能够并行执行。

6.7.1 计算流程

MindSpore 异构计算训练方法的典型计算流程如下。

第一步,用户设置网络执行后端,如代码 6.2 所示。

代码6.2　设置网络执行后端

```
import mindspore as ms
ms.set_context(device_target="GPU")
```

第二步，用户设置特定算子执行后端，如代码 6.3 所示。

代码6.3　设置特定算子执行后端

```
from mindspore import ops
prim = ops.Add()
prim.set_device("CPU")
```

第三步，框架根据计算图算子标志进行切图，调度不同后端执行子图，异构计算流程如图 6.14 所示。

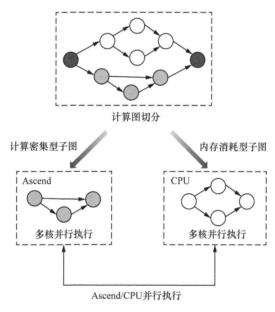

图6.14　异构计算流程

当前使用异构计算的典型场景有优化器（Optimizer）异构、词表（Embedding Table）异构、参数服务器（Parameter Server）异构。

6.7.2　优化器异构

在盘古或 GPT-3 大语言模型训练过程中，优化器状态占用了大量内存，进而限制了可训练的模型规模。使用优化器异构，将优化器算子指定到 CPU 执行，可以极大扩展可训练的模型规模。

如图6.15所示，将Adam优化器算子配置到CPU执行，同时指定网络使用FP16运算，可以将优化器状态放置到CPU内存，从而节省66%的内存空间。

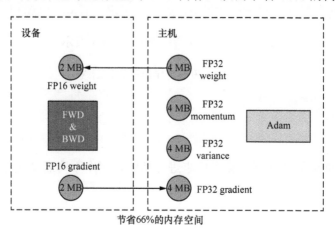

图6.15　优化器异构

第一步，配置Adam优化器算子到CPU执行。

第二步，初始化FP16的权重参数及FP32的优化器状态变量。

第三步，将输入优化器的梯度转换为FP16（如果本来就是FP16梯度，可忽略此步骤）。

第四步，将权重和梯度转换为FP32参与优化器运算。

第五步，将更新后的FP32权重赋值给FP16权重。

第四步和第五步也可以直接融合到自定义优化器算子中。

6.7.3　词表异构

在一些需要查词表的网络中，词表常常达到上百GB甚至几TB级别的参数规模，受加速器内存大小限制，单卡无法执行。如果将所有参数都放到加速器的存储中，所需的加速器数量巨大，训练费用高昂。同时，跨服务器的查表又引入了多机间的通信开销，端到端的训练效率并不会有太大的提升。词表虽然参数规模巨大，但其主要用于查表操作，可以将词表参数放置到CPU内存，同时将与词表相连的算子放置到CPU端执行，将其余网络计算算子放置到加速器端。这样不仅发挥了CPU端内存量大的特性，同时也利用了加速器端计算快的特性。图6.16展示了Wide&Deep网络使用词表异构切分的方式：配置EmbeddingLookup算子到CPU执行；配置EmbeddingLookup关联稀疏优化器到CPU执行。

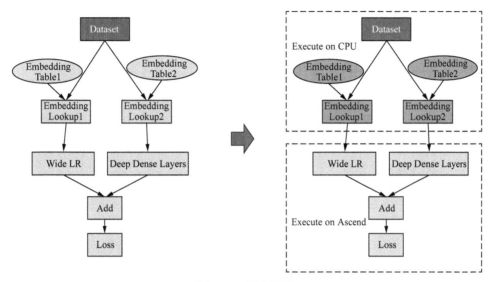

图6.16 词表异构

MindSpore 的 EmbeddingLookup、FTRL、LazyAdam 等算子已经封装好了异构接口，用户只需要设置 target 属性为 CPU 或 DEVICE 即可切换执行后端。

6.7.4 参数服务器异构

当词表达到 10 TB 级别的参数规模，并且单服务器 CPU 端内存无法放下整个网络的参数时，可以使用参数服务器（Parameter Server）异构，在设备端启动多个 MindSpore 训练（MindSpore Trainer）进程，通过异构的 Pull/Push 算子进行权重的拉取和梯度的推送，并在参数服务器端进行权重更新，如图 6.17 所示。

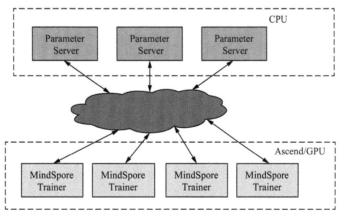

图6.17 参数服务器异构

使用参数服务器异构,用户只需要配置参数后使用参数服务器即可,如代码6.4所示。

代码6.4　配置参数服务器

```
mindspore.set_ps_context(enable_ps=True)        # 开启参数服务器训练模式
mindspore.Parameter.set_param_ps()              # 对 mindspore.Parameter 权重进行设置
```

6.7.5　多层存储

近几年基于 Transformer 架构的大语言模型在 NLP 和计算机视觉下游任务的处理上取得了快速发展,往往模型规模越大,下游任务取得的精度越高。模型规模从亿级向千亿级发展,然而大语言模型训练需要消耗大量的计算存储资源,训练开销巨大,普通公司无法承担这样的训练成本。即使使用大公司开源的大语言模型进行推理,也要消耗不少资源,普通用户无法承担这样的推理成本。如何让普通公司和普通用户使用有限的资源,更快、更好、更便宜地训练和推理模型是大语言模型应用和向大众推广过程中遇到的首要问题。

大语言模型训练受高带宽内存(High Bandwidth Memory,HBM)的显存大小限制,在单卡上能够存储的模型参数有限。通过模型并行,可以将大语言模型拆分到不同的机器上,在引入必要的进程间通信后,进行集群协同训练,模型规模与机器规模成正比。同时模型规模超过单机显存大小限制时,模型并行跨机通信的开销将越来越大,资源利用率将会显著下降,那么如何在单机上训练更大的模型,避免模型并行跨机通信成为大语言模型训练性能提升的关键。

通过多级存储管理,我们将模型训练、推理的内存占用从单卡 32 GB 的 HBM 显存扩展到单机 1～2 TB 的双倍数据速率(Double Data Rate,DDR)内存和 10 TB 以上的非易失性存储器标准(Non-Volatile Memory express,NVMe)存储结构上,能够实现模型参数 10～100 倍的存储扩展,从而打破大语言模型训练、推理的 HBM 显存大小限制,实现低成本的大语言模型训练、推理。多层存储如图 6.18 所示。

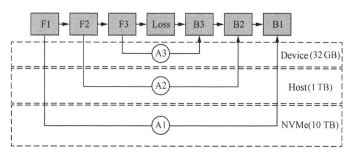

图6.18　多层存储

6.8　大语言模型性能分析

进行性能优化，首先要做的是了解时间耗费在哪个模块。可以通过工具收集各个模块（数据处理、Host 侧、Device 侧、通信等）的耗时数据，然后把所有耗时数据进行时间戳对齐后放到一个时间线上，对各个耗时段进行分析，判断耗时是否合理、模型是否有性能提升的空间。主要从两个角度提升性能，第一个角度是缩短单个模块耗时，第二个角度是提高不同模块任务间的并行度。

6.8.1　缩短单个模块耗时

①算子级别的调优：算子是 Device 执行的基本单元，通过统计各个算子耗时占比，找出耗时占比较大的算子，判断是否有性能更好的算子可以替换、是否可以采用混合精度、是否可以用 AICORE 算子替换 AICPU 算子，分析网络脚本是否可以开发融合算子替换多个小算子。

②调度调优：完成模型训练需要 Host 和 Device 不断地交互，尤其在频繁下发单算子或切换不同子图造成 Device 空闲时，尽可能缩短 Host 耗时或者让 Host 和 Device 并行。

6.8.2　提高不同模块任务间的并行度

①优化数据处理的速度：训练样本数据预处理一般会占用 Host 资源，与 Device 训练并行执行时，如果 Host 处理数据的速度不及 Device 训练数据的速度，会出现 Device 等待数据的现象，需要优化数据处理速度。通过时间线可以看出前后两轮迭

代中间是否出现Device空闲。

②调整单次训练的样本个数（batch_size）：通过内存分析工具收集各Device内存的峰值，在内存允许的情况下尽可能调大训练的样本个数以提高数据并行度。

③调整阶段（Stage）切分策略：由于大语言模型集群训练权重参数较多，单卡无法容纳，我们一般会把整个模型切分成不同的阶段进行训练，不同阶段之间是流水线并行执行的，在进行模型切分的时候会存在不同阶段执行的算子数不均衡的情况，导致在并行执行流水线的时候出现分配阶段算子少的Device空闲的情况，无法充分发挥多卡并行执行的效果。可以用性能分析工具收集不同阶段的计算算子总耗时进行比较，找出耗时长的阶段，调整阶段切分策略，使不同阶段的算子数均衡。图6.19所示为使用MindInsight工具展示切分不合理导致不同卡计算和通信不均衡的实例。

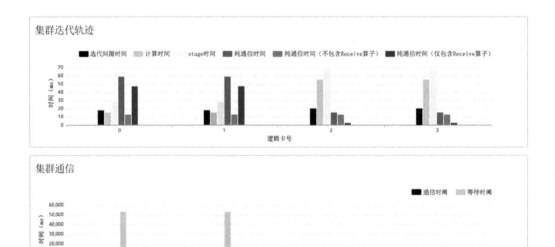

图6.19 使用MindInsight工具展示切分不合理导致不同卡计算和通信不均衡的实例

④调整计算和通信耗时重叠（Overlap）比例：大语言模型训练把不同权重的训练放到不同Device中，训练迭代结束后进行梯度更新，需要在不同节点之间同步数据，此时通信耗时占比也成为影响训练性能的关键指标，尽可能在执行计算的时候，并行执行部分通信，让通信耗时尽可能多地与计算耗时重叠，提高整个训练性能。图6.20展示了将计算耗时和通信耗时合并后的时间线，可以看出第二行通信算子的纯通信操作（Pure Communication Op）耗时较短。

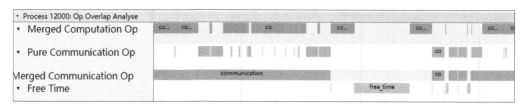

图6.20　将计算耗时和通信耗时合并后的时间线

⑤排查慢链路：如果 Device 训练网络算子相同，出现某张卡的通信耗时比其他卡的通信耗时明显更长的情况，则可能是因为此卡的通信链路存在问题，可以进行硬件排查。

6.9　MindFormers 接口

MindSpore Transformers（下文简称 MindFormers）提供了详细高阶 API 使用教程。

6.9.1　准备工作

1. 安装 MindFormers

如代码 6.5 所示，在 Linux 环境下使用源码编译安装 Mindformers。

代码6.5　MindFormers安装命令

```
git clone -b dev https://gitee.com/xxx/mindformers.git
cd mindformers
bash build.sh
```

2. 准备数据集

安装成功后，请参考 docs 目录下各模型的 README.md 文档准备相应任务的数据集。

6.9.2　Trainer 高阶接口快速入门

用户可以通过以上方式安装 MindFormers 库，然后利用 Trainer 高阶接口执行模型任务的训练、微调、断点续训、评估、推理功能。

1. 训练、微调、断点续训启动

用户可使用 Trainer.train 或 Trainer.finetune 接口完成模型的训练、微调、断点续训流程，如代码 6.6 所示。

代码6.6　Trainer训练、微调、断点续训启动

```
from mindformers import Trainer

cls_trainer = Trainer(task='image_classification', # 已支持的任务名
                      model='vit_base_p16', # 已支持的模型名
                      train_dataset="/data/imageNet-1k/train", # 传入标准的
# 训练数据集路径，默认支持 ImageNet 数据集格式
                      eval_dataset="/data/imageNet-1k/val") # 传入标准的评
# 估数据集路径，默认支持 ImageNet 数据集格式
# 示例1： 开启训练复现流程
cls_trainer.train()
# 示例2： 加载集成的 mae 权重，开启微调流程
cls_trainer.finetune(finetune_checkpoint='mae_vit_base_p16')
# 示例3： 开启断点续训功能
cls_trainer.train(train_checkpoint=True, resume_training=True)
```

2. 评估启动

用户可使用 Trainer.evaluate 接口完成模型的评估流程，如代码 6.7 所示。

代码6.7　Trainer评估启动

```
from mindformers import Trainer

cls_trainer = Trainer(task='image_classification', # 已支持的任务名
                      model='vit_base_p16', # 已支持的模型名
                      eval_dataset="/data/imageNet-1k/val") # 传入标准的评
# 估数据集路径，默认支持 ImageNet 数据集格式
# 示例1： 开启评估已集成模型权重的复现流程
cls_trainer.evaluate()
# 示例2： 开启评估训练得到的最后一个权重
cls_trainer.evaluate(eval_checkpoint=True)
# 示例3： 开启评估指定的模型权重
cls_trainer.evaluate(eval_checkpoint='./output/checkpoint/rank_0/mindformers.ckpt')
```

结果输出示例（已集成的 vit_base_p16 模型权重评估分数）如下：

```
Top1 Accuracy=0.8317
```

3. 推理启动

用户可使用 Trainer.predict 接口完成模型的推理流程，如代码 6.8 所示。

代码6.8　Trainer推理启动

```
from mindformers import Trainer

cls_trainer = Trainer(task='image_classification', # 已支持的任务名
                      model='vit_base_p16') # 已支持的模型名
input_data = './cat.png' # 一张猫的图片
```

```
# 示例1: 指定输入的数据完成模型推理
predict_result_d = cls_trainer.predict(input_data=input_data)
# 示例2: 开启推理(自动加载训练得到的最后一个权重)
predict_result_b = cls_trainer.predict(input_data=input_data, predict_checkpoint=
True)
# 示例3: 加载指定的权重以完成推理
predict_result_c = cls_trainer.predict(input_data=input_data, predict_checkpoint=
'./output/checkpoint/rank_0/mindformers.ckpt')
print(predict_result_d)
```

结果输出示例(已集成的 vit_base_p16 模型权重推理结果)如下:

```
{'label': 'cat', score: 0.99}
```

6.9.3 Pipeline 推理接口快速入门

MindFormers 套件为用户提供了已集成模型的 Pipeline 推理接口,方便用户体验大语言模型推理服务。

Pipeline 推理接口的使用如代码 6.9 所示。

代码6.9 Pipeline推理接口的使用

```
from mindformers import pipeline
from mindformers.tools.image_tools import load_image

test_img = load_image("./sunflower.png") # 一朵向日葵的图片
classifier = pipeline("zero_shot_image_classification",
                     model='clip_vit_b_32',
                     candidate_labels=["sunflower", "tree", "dog", "cat", "toy"])
predict_result = classifier(test_img)
print(predict_result)
```

结果输出示例(已集成的 clip_vit_b_32 模型权重推理结果)如下:

```
[[{'score': 0.9999547, 'label': 'sunflower'}, {'score': 1.8684346e-05, 'label':
'toy'}, {'score': 1.3045716e-05, 'label': 'dog'}, {'score': 1.129241e-05, 'label':
'tree'}, {'score': 2.1734568e-06, 'label': 'cat'}]]
```

6.9.4 AutoClass 快速入门

MindFormers 套件为用户提供了高阶 AutoClass 类,包含 AutoConfig、AutoModel、AutoProcessor、AutoTokenizer 这 4 个类,方便用户进行调用。

AutoConfig 获取已支持的任意模型配置,如代码 6.10 所示。

代码6.10　AutoConfig获取已支持的任意模型配置

```
from mindformers import AutoConfig

# 获取clip_vit_b_32的模型配置
clip_vit_b_32_config = AutoConfig.from_pretrained('clip_vit_b_32')
# 获取vit_base_p16的模型配置
vit_base_p16_config = AutoConfig.from_pretrained('vit_base_p16')
```

AutoModel 获取已支持的网络模型，如代码 6.11 所示。

代码6.11　AutoModel获取已支持的网络模型

```
from mindformers import AutoModel

# 利用from_pretrained功能实现模型的实例化（默认加载对应权重）
clip_vit_b_32_a = AutoModel.from_pretrained('clip_vit_b_32')
# 利用from_config功能实现模型的实例化（默认加载对应权重）
clip_vit_b_32_config = AutoConfig.from_pretrained('clip_vit_b_32')
clip_vit_b_32_b = AutoModel.from_config(clip_vit_b_32_config)
# 利用save_pretrained功能保存模型对应配置
clip_vit_b_32_b.save_pretrained('./clip', save_name='clip_vit_b_32')
```

AutoProcessor 获取已支持的预处理过程，如代码 6.12 所示。

代码6.12　AutoProcessor获取已支持的预处理过程

```
from mindformers import AutoProcessor

# 通过模型名关键字获取对应模型预处理过程（实例化clip的预处理过程，通常用于Trainer/Pipeline
# 接口推理入参）
clip_processor_a = AutoProcessor.from_pretrained('clip_vit_b_32')
# 通过YAML文件获取相应的预处理过程
clip_processor_b = AutoProcessor.from_pretrained('configs/clip/run_clip_vit_b_
32_zero_shot_image_classification_cifar100.yaml')
```

AutoTokenizer 获取已支持的 tokenizer 方法，如代码 6.13 所示。

代码6.13　AutoTokenizer获取已支持的tokenizer方法

```
from mindformers import AutoTokenizer
# 通过模型名关键字获取对应模型tokenizer方法（实例化clip的tokenizer方法，通常用于Trainer/
# Pipeline接口推理入参）
clip_tokenizer = AutoTokenizer.from_pretrained('clip_vit_b_32')
```

6.9.5　Transformer 接口介绍

MindFormers 中自带了常用的 Transformer 功能函数及并行友好的基本接口，它们存放在 modules 模块中，用户可以通过 mindformers.modules.layer 和 mindformers.modules.transformer 调用相应的函数。其中包含的相关的功能函数列表如下。

1. mindformers.modules.layers

① mindformers.modules.layers.Dropout

② mindformers.modules.layers.FixedSparseAttention

③ mindformers.modules.layers.LayerNorm

④ mindformers.modules.layers.Linear

2. mindformers.modules.transformer

① mindformers.modules.transformer.AttentionMask

② mindformers.modules.transformer.EmbeddingOpParallelConfig

③ mindformers.modules.transformer.FeedForward

④ mindformers.modules.transformer.MoEConfig

⑤ mindformers.modules.transformer.MultiHeadAttention

⑥ mindformers.modules.transformer.OpParallelConfig

⑦ mindformers.modules.transformer.Transformer

⑧ mindformers.modules.transformer.TransformerDecoder

⑨ mindformers.modules.transformer.TransformerDecoderLayer

⑩ mindformers.modules.transformer.TransformerEncoder

⑪ mindformers.modules.transformer.TransformerEncoderLayer

⑫ mindformers.modules.transformer.TransformerOpParallelConfig

⑬ mindformers.modules.transformer.TransformerRecomputeConfig

⑭ mindformers.modules.transformer.VocabEmbedding

6.10 参考文献

[1] SANDLER M, HOWARD A, ZHU M, et al. Mobilenetv2: inverted residuals and linear bottlenecks[C]// 2018 IEEE/CVF Conference on Computer Vision and Pattern Recognition. Salt Lake City: IEEE, 2018: 4510-4520.

[2] LEBEDEV V, LEMPITSKY V. Speeding-up convolutional neural networks: a survey[J]. Bulletin of the Polish Academy of Sciences. Technical Sciences, 2018, 66(6):799-810.

[3] LEE N, AJANTHAN T, TORR P H S. Snip: single-shot network pruning based on connection sensitivity[EB/OL]. (2019-02-23)[2019-10-16].

[4] ANWAR S, HWANG K, SUNG W. Structured pruning of deep convolutional neural networks[J]. ACM Journal on Emerging Technologies in Computing Systems (JETC), 2017, 13(3): 32.

[5] BA J, CARUANA R. Do deep nets really need to be deep?[EB/OL]. (2014-02-21)[2024-04-18].

[6] HINTON G, VINYALS O, DEAN J. Distilling the knowledge in a neural network[EB/OL]. (2015-05-09)[2024-04-18].

[7] JACOB B, KLIGYS S, CHEN B, et al. Quantization and training of neural networks for efficient integer arithmetic-only inference[C]// 2018 IEEE/CVF Conference on Computer Vision and Pattern Recognition. Salt Lake City: IEEE, 2018: 2704-2713.

[8] ZHAO R, HU Y, DOTZEL J, et al. Improving neural network quantization without retraining using outlier channel splitting[C]//International Conference on Machine Learning. Long Beach: ICML, 2019: 7543-7552.

[9] MCMAHAN H B, ANDREW G. A general approach to adding differential privacy to iterative training procedures[EB/OL]. (2019-03-04)[2024-04-18].

[10] BONAWITZ K, IVANOV V, KREUTER B, et al. Practical secure aggregation for privacy-preserving machine learning[C]//Proceedings of the 2017 ACM SIGSAC Conference on Computer and Communications Security. New York: ACM, 2017: 1175-1191.

[11] XIA R, PAN Y, LAI H, et al. Supervised hashing for image retrieval via image representation learning[C]//Twenty-eighth AAAI conference on artificial intelligence. New York: ACM, 2014: 2156–2162.

[12] ERIN LIONG V, LU J, WANG G, et al. Deep hashing for compact binary codes learning [C]//Proceedings of the IEEE conference on computer vision and pattern recognition. Salt Lake City: IEEE, 2015: 2475-2483.

[13] LAI H, PAN Y, LIU Y, et al. Simultaneous feature learning and hash coding with deep neural networks [C]//Proceedings of the IEEE conference on computer vision and pattern recognition. Salt Lake City: IEEE, 2015: 3270-3278.

[14] PHONG L T, AONO Y, HAYASHI T, et al. Privacy-preserving deep learning via additively homomorphic encryption[J]. IEEE Transactions on Information Forensics and Security, 2018, 13(5): 1333-1345.

[15] KIRKPATRICK J, PASCANU R, RABINOWITZ N, et al. Overcoming catastrophic

forgetting in neural networks[J]. Proceedings of the National Academy of Sciences, 2017, 114(13): 3521-3526.

[16] LOPEZ-PAZ D, RANZATO M A. Gradient episodic memory for continual learning[C]//Advances in Neural Information Processing Systems. New York: ACM, 2017: 6467-6476.

[17] REBUFFI S A, KOLESNIKOV A, SPERL G, et al. Icarl: incremental classifier and representation learning[C]//Proceedings of the IEEE Conference on Computer Vision and Pattern Recognition. Salt Lake City: IEEE, 2017: 2001-2010.

[18] CAUWENBERGHS G, POGGIO T. Incremental and decremental support vector machine learning[C]//Advances in Neural Information Processing Systems. New York: ACM, 2001: 409-415.

[19] FRENCH R M. Catastrophic forgetting in connectionist networks[J]. Trends in Cognitive Sciences, 1999, 3(4): 128-135.

[20] YANG Q, LIU Y, CHEN T, et al. Federated machine learning: concept and applications[J]. ACM Transactions on Intelligent Systems and Technology (TIST), 2019, 10(2): 12.

[21] BLANCHARD P, GUERRAOUI R, STAINER J. Machine learning with adversaries: byzantine tolerant gradient descent[C]//Advances in Neural Information Processing Systems. New York: ACM, 2017: 119-129.

[22] MCMAHAN H B, MOORE E, RAMAGE D, et al. Communication-efficient learning of deep networks from decentralized data[EB/OL]. (2017-02-28)[2024-04-18].

[23] WEN W, XU C, YAN F, et al. Terngrad: ternary gradients to reduce communication in distributed deep learning[C]//Advances in Neural Information Processing Systems. New York: ACM, 2017: 1509-1519.

[24] BERNSTEIN J, WANG Y X, AZIZZADENESHELI K, et al. SignSGD: compressed optimisation for non-convex problems[EB/OL]. (2018-08-07)[2024-04-18].

[25] ALISTARH D, GRUBIC D, LI J, et al. QSGD: communication-efficient SGD via gradient quantization and encoding[C]//Advances in Neural Information Processing Systems. New York: ACM, 2017: 1709-1720.

[26] KONEČNÝ J, MCMAHAN H B, YU F X, et al. Federated learning: strategies for improving communication efficiency[EB/OL]. (2017-10-30)[2024-04-18].

[27] CAI H, GAN C, HAN S. Once for all: train one network and specialize it for efficient deployment[EB/OL]. (2019-08-26)[2024-04-18].

第 7 章　大语言模型预训练与微调

大语言模型预训练与微调在近年引起了广泛关注。这种方式通过在大规模未标注数据上预训练深度神经网络模型，使其具备丰富的语言和视觉理解能力，然后通过微调使其适应特定任务。这种方式提高了模型的通用性和数据效率，让模型能够在各种 NLP 和计算机视觉任务的处理中拥有卓越的性能，而不需要大量的标注数据。这不仅节省了时间和资源，还促进了人工智能技术的快速发展，有助于解决实际世界中的各种复杂问题，这些问题包括自动文本摘要、图像分类、自动语音识别等。因此，大语言模型预训练与微调已经成为推动 NLP 和计算机视觉领域前进的关键引擎之一，引领了人工智能技术的发展潮流。

7.1 预训练大语言模型代码生成

近年来，预训练大语言模型在代码语料训练领域取得了迅猛的发展。Codex 是其中的一例，它通过解决初级编程问题，成功展示了预训练大语言模型在这个领域的巨大潜力。随后，一系列代码生成模型相继问世，包括 AlphaCode、CodeGen、InCoder、PolyCoder、PaLMCoder、CodeGeeX 等。这些模型经过多种编程语言的训练，然而，它们主要用于 Python 上的正确性评估，而在其他语言上的生成性能尚未明确。

目前，现有的公开评估基准主要聚焦在两个方面的评估指标：字符串相似性（String Similarity）和功能正确性（Functional Correctness）。第一个方面的评估指标，如 CodeXGLUE 和 XLCoST 多语言基准，覆盖了代码补全、翻译、概括等任务，采用了 BLEU 和 CodeBLEU 等相似性评估指标。然而，这些指标并不能充分反映代码的正确性。第二个方面的评估指标通过测试用例来评估代码在功能上是否正确，例如 HumanEval、MBPP、APPS 等基准。然而，这些基准仅限于评估 Python 语言代码生成模型的正确性，缺乏对多语言代码生成模型正确性的评估，这成为制约多语言代码生成模型发展的一个瓶颈。

7.1.1 多语言代码生成模型 CodeGeeX

CodeGeeX 是一个基于 Transformer 架构的多语言代码生成模型，拥有 130 亿个参数。它是基于华为 MindSpore 框架构建的，在鹏城实验室"鹏城云脑 II"中的 192 个节点（共 1536 个国产昇腾 910 AI 处理器）上进行了约两个月的训练，截至

2022年6月22日,使用20多种编程语言的代码语料库(超过8500亿个词元)进行了预训练。CodeGeeX具备以下特点。

①高精度代码生成:它能够生成多种主流编程语言的代码,包括Python、C++、Java、JavaScript和Go等。在HumanEval-X代码生成任务上,其求解率为47%~60%,相对于其他开源基线模型,其平均性能更出色。

②跨语言代码翻译:CodeGeeX支持代码片段在不同编程语言之间进行自动翻译转换,其翻译结果的准确率较高,在HumanEval-X代码翻译任务上胜过其他基线模型。

③自动编程插件:CodeGeeX插件已经上架VS Code插件市场,并且完全免费。用户可以利用其强大的小样本(Few-Shot)生成能力自定义代码生成风格和能力,以更好地辅助代码编写。

④模型跨平台开源:其所有代码和模型权重均为开源开放,供研究使用。CodeGeeX同时支持昇腾和英伟达平台,可以在单张昇腾910或英伟达V100/A100处理器上进行推理操作。

CodeGeeX团队在MindSpore 1.7框架上成功实现了CodeGeeX模型,并在鹏城实验室的全国产计算平台上进行了高效训练。团队利用了一个计算集群,对CodeGeeX进行了约两个月的训练。为了提高训练的精度和稳定性,团队设置Layer-Norm与softmax使用FP32格式,整体模型参数则使用FP16格式,这使得整个模型需要约27 GB显存。为了提高训练效率,团队采用了8路模型并行和192路数据并行的训练策略,微批次大小为16 sample,全局批次大小为3072 sample,并且使用了ZeRO-2优化器来减少显存占用。

在开发和训练过程中,CodeGeeX团队与华为MindSpore团队合作,对MindSpore框架进行了一系列优化,大幅提升了训练效率。例如,团队发现矩阵乘法的计算时间占比只有22.9%,而大部分时间都花费在其他算子上。因此实施了多种算子融合策略,包括单元素算子融合、层归一化算子融合、FastGeLU与矩阵乘法融合、批量矩阵乘法与加法融合等。此外,团队还对矩阵乘法算子的维度进行了自动搜索和调优,以找到最高效的计算维度组合。这些优化显著提升了训练效率。例如,在相同数量的GPU卡(128卡)规模下,昇腾910对CodeGeeX模型的训练效率从最初的约为英伟达A100的16.7%提升至43.2%(见表7.1,未给出优化前数据)。而在千卡规模下,昇腾910的训练效率相较于自身优化前提升了近300%。使用这些经过优化的软硬件训练环境,CodeGeeX模型的每日训练量达到了5.43×10^{10}个标识符（包括填充符，见表7.2），这充分证明了国产深度学习平台和工具的快速迭代能力及其强大的竞争力。

表7.1 昇腾910与英伟达A100优化前后训练效率对比

对比项	优化前参数		优化后参数	
设备	英伟达 A100	昇腾 910	英伟达 A100	昇腾 910
卡数	160	1024	128	128
训练框架	Megatron	MindSpore 1.5	Magetron	MindSpore 1.7
并行策略	数据并行	模型并行+数据并行	数据并行	模型并行+数据并行
序列长度	2048 token	2048 token	2048 token	2048 token
全局批大小	1920 sample	1024 sample	512 sample	512 sample
单步迭代时间	30 s	15 s	6.5 s	15 s
整体训练效率（按词元计）	1.13×10^{10} 个/天	1.21×10^{10} 个/天	1.39×10^{10} 个/天	6×10^{9} 个/天

表7.2 加入流水线并行等优化后的对比

对比项	优化前参数		优化后参数	
设备	英伟达 A100	昇腾 910	昇腾 910	昇腾 910
卡数	160	128	1536	1536
训练框架	Megatron	MindSpore 1.7	MindSpore 1.7	MindSpore 1.7
并行策略	数据并行	模型并行+流水线并行	数据并行	模型并行+流水线并行
序列长度	2048 token	2048 token	2048 token	2048 token
全局批大小	1920 sample	1024 sample	3072 sample	4608 sample
单步迭代时间	30 s	20 s	10 s	9.7 s
整体训练效率（按词元计）	1.13×10^{10} 个/天	9.1×10^{9} 个/天	5.43×10^{10} 个/天	8.41×10^{10} 个/天

7.1.2 多语言代码生成基准 HumanEval-X

为了更全面地评估代码生成模型的多语言生成能力，CodeGeeX 团队创建了一个全新的基准 HumanEval-X。在过去，多语言代码生成能力通常是基于语义相似度（例如 CodeBLEU）进行评估的，这种方法有一定的误导性。相比之下，HumanEval-X 旨在评估生成代码的功能正确性。HumanEval-X 包含 820 个高质量手写样本，涵盖 Python、C++、Java、JavaScript 和 Go 等多种编程语言，适用于各种任务。每种语言在 HumanEval-X 中都包含声明、描述和答案，这些组合可以支持不同的下游任务，包括代码生成、代码翻译、概括等。目前模型专注于两个任务：

代码生成和代码翻译。对于代码生成任务，模型接收函数声明和文档字符串作为输入，然后生成函数作为输出；对于代码翻译任务，模型接收两种语言的函数声明和源语言的实现作为输入，然后输出目标语言上的实现。在代码翻译任务中，我们故意不将文档字符串作为输入，以避免模型直接通过描述生成答案。在这两个任务下，CodeGeeX团队采用了Codex所使用的无偏pass@k指标评估生成代码的功能正确性。

团队将CodeGeeX与另外两个开源代码生成模型进行了比较，分别是Meta的InCoder和Salesforce的CodeGen，并且选取了InCoder-6.7B、CodeGen-Multi-6B以及CodeGen-Multi-16B这3个模型。结果显示，CodeGeeX取得了最佳平均性能，显著超越了参数更少的模型（提升幅度为7.5%～16.3%），并且在性能上与参数更多的CodeGen-Multi-16B相媲美（平均性能分别为54.76%、54.39%），如图7.1和图7.2所示。

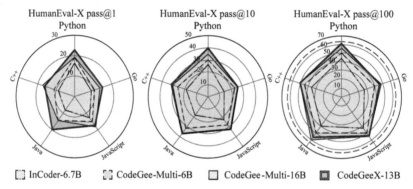

图7.1　HumanEval-X中5种语言具体的pass@k（k=1,10,100）性能

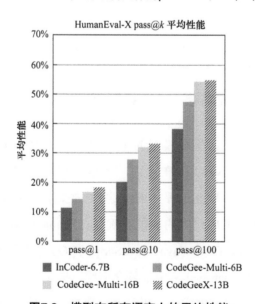

图7.2　模型在所有语言上的平均性能

7.2 提示调优

提示调优（Prompt Tuning）起源于 GPT-3，是一种用于提升大语言模型性能的技术，特别是在 NLP 和文本生成任务中。它的核心思想是通过精心设计的提示文本引导模型生成更准确、更相关和符合特定需求的输出，从而让大语言模型可以在小样本或零样本（Zero-Shot）场景下达到理想的效果。微调是让大型预训练大语言模型适应特定任务或领域的一种常见方法，但是其存在如下的缺陷。

①语义差距：预训练阶段主要以掩码语言建模为主，下游任务则引入新的训练参数，导致两个阶段的目标通常存在较大差异。因此，需要克服如何减小预训练和微调两个阶段目标显著差异的缺陷。

②数据稀缺性：在许多实际任务中，特定领域或任务的标注数据往往是有限的，这导致了训练数据的稀缺性。例如，在特定医疗领域的问答任务中，可用的医学问答数据可能非常有限。而微调通常需要大量的任务特定数据以便在预训练模型的基础上调整模型参数。在数据稀缺的情况下，这可能会导致过拟合或评测指标下降。

③训练成本高：微调大型预训练语言模型需要大量的计算资源，包括 GPU 或张量处理器（Tensor Processing Unit，TPU），以及云计算资源。这对于小型公司或独立研究人员来说可能不切实际。此外，微调大型预训练语言模型通常需要大量时间，这会延长项目的开发周期。

④过拟合：由于在微调阶段需要引入额外的参数以适应特定任务的需求，当样本数量有限时模型容易出现过拟合，从而降低模型的泛化能力。因此，需要克服预训练语言模型在微调阶段容易出现过拟合的缺陷。

为了克服上述缺陷，提示调优通过设计更加精细和有针对性的任务提示，使模型更容易学到目标任务的相关知识。这有助于缓解数据分布不匹配的情况。此外，提示调优技术引入了一种新的模型更新策略，降低了模型训练成本，也使得模型在目标任务上的更新更为可控。这有助于克服过拟合缺陷，避免模型在目标任务上遗忘先前学到的知识。

7.2.1 提示流程

微调大语言模型的主要问题在于，要微调一个模型 $P(y|x;\theta)$，必须拥有用于

该微调任务带标签的数据。而对于许多任务来说，往往无法大量获取这种数据。基于提示调优的学习方法试图通过学习一个语言模型 θ 对于输入文本 x 的概率分布建模 $P(x;\theta)$ 来规避这个问题，并使用这个概率来预测标签 y，从而减少或消除了对大规模标注数据集的需求。提示调优主要包含下列3个步骤：提示添加、答案预测和答案映射。

1. 提示添加

在提示添加步骤中，我们用一个提示函数 $f_{\text{prompt}}(\cdot)$ 来修改输入文本 x，并将其转化为一个提示 $x' = f_{\text{prompt}}(x)$。现有工作通常采用以下两个步骤完成这个函数的构建：第一，使用一个包含两个插槽的文本字符串模板，其中一个插槽作为输入文本 x 的输入插槽 [X]，另一个插槽作为答案文本 z 的答案插槽 [Z]，答案文本 z 稍后将被用于预测标签 y；第二，用输入文本 x 填充插槽 [X]。

举例来说，在情感分析任务中，如果输入文本 x = "I love this movie"，则模板可以采用如下形式："[X] Overall, it was a [Z] movie"。因此，x' 将被转化为 "I love this movie. Overall, it was a [Z] movie."。在机器翻译任务中，模板可能采用如下形式："Chinese: [X] English: [Z]"。需要注意的是，在上述提示中会留有一个用于填充 z 的空插槽，这个空插槽可以位于提示的中间或末尾。可以将使用一个位于文本中间需要填充插槽的提示称为完形填空提示（Cloze Prompt），而输入文本完全位于 z 之前的提示称为前缀提示（Prefix Prompt）。完形填空提示常用于掩码语言模型，而前缀提示常用于文本生成任务。在许多情况下，这些模板词汇不一定由自然语言标注组成，它们可以是虚拟词汇（例如由数值标识表示），稍后会被嵌入连续空间。而有些提示方法甚至可以直接生成连续向量。此外，[X] 插槽的数量和 [Z] 插槽的数量可以根据任务需求进行灵活调整。

2. 答案预测

给定一个提示模板（Prompt Template），大语言模型将预测答案文本 z。以图 7.3 所示的情感分析任务为例，我们首先定义答案文本 z 的可能取值集合为 {"excellent"，"good"，"OK"，"bad"，"horrible"}。

答案的取值集合通常可以定义为文本数据的标签。然后，预训练模型将计算得到不同答案文本 z 潜在的概率分布，并通过一个搜索函数来生成答案文本 z。这个搜索函数可以是 argmax 函数，它会直接输出得分最高的答案，也可以是一个采样函数，它会根据语言模型所生成的概率分布随机输出答案。我们将经过这个答案预测过程的任何提示称为已填充提示。如果提示填充了一个真实答案,那么我们将其称为已回答提示。

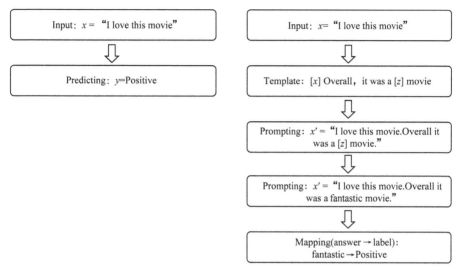

图7.3 传统学习范式和提示调优的对比

表 7.3 给出了不同下游任务的示例输入、提示模板和答案集合。

表7.3 不同下游任务的示例输入、提示模板和答案集合

类型	样本任务	输入 ([X])	模板	回答 ([Z])
Text Classification	Sentiment	I love this movie.	[X] The movie is [Z].	great
				fantastic
				...
	Topics	He prompted the LM.	[X] The text is about [Z].	sports
				science
				...
	Intention	What is taxi fare to Denver?	[X] What about service? [Z].	quality
				city
				...
Text-span Classification	Aspect Sentiment	Poor service but good food.	[X] What about service? [Z].	Bad
				Terrible
				...
Text-pair Classification	Natural Language Inference	[X1]: An old man with...	[X1]? [Z],[X2]	Yes
		[X2]: A man walks...		No
		...		...

续表

类型	样本任务	输入 ([X])	模板	回答 ([Z])
Tagging	Named Entity Recognition	[X1]: Mike went to Paris.	[X1][X2] is a [Z] entity.	organization
		[X2]: Paris.		location
		...		...
Text Generation	Summarization	Las Vegas police...	[X] TL;DR: [Z]	The victim...
				A woman...
				...
	Translation	Je vous aime.	French: [X] English: [Z]	I love you.
				I fancy you.
				...
Regression	Textual Similarity	[X1]: A man is smoking.	[X1] [Z], [X2]	Yes
		[X2]: A man is skating.		No
				...

3. 答案映射

最后在答案映射这个步骤中,我们将得分最高的答案 $\hat{z}$ 映射为输出 $\hat{y}$。在翻译等语言生成任务中,答案本身就是输出。然而也存在其他情况,多个答案可能导致相同的输出。例如,"++(表示很好)"可能使用多个不同的表示情感的词语(如"优秀""极好""精彩"),在这种情况下,有必要建立搜索答案和输出值之间的映射关系。

7.2.2 提示模板

在提示调优中,提示模板生成方法可以归类为以下几种,每种方法都有其独特的核心思想和优势。

①基于规则的方法:这种方法依赖于预定义的规则或模板,根据任务的特定要求创建提示模板。规则可以包括语法结构、关键词匹配或其他预定义规则,以生成与任务相关的模板。例如,针对问题回答任务,可以使用规则来生成问句和答句之间的模板。

②无监督学习方法:这种方法不依赖于标注数据,而是使用自动化技术从大量

文本数据中挖掘模板。其中的一种方法是通过文本聚类和模式提取来发现常见的句式或模板。这些模板可以用作生成提示模板的基础。例如，可以使用聚类算法找到常见的问题模板。

③强化学习方法：强化学习方法试图通过与系统的互动生成最佳提示模板。代理会尝试不同的提示模板，然后根据反馈信号（例如任务成功率或用户满意度）调整和优化生成的模板。这种方法通常需要在实际任务中进行多次尝试和学习，以找到最有效的提示模板。

④自监督学习方法：自监督学习方法使用输入数据自身生成提示模板，而不依赖外部标签或任务。这可以通过将输入数据中的某些部分作为模板，然后训练模型生成类似的内容。例如，对于文本生成任务，可以使用自监督学习方法训练模型生成与输入文本相关的提示模板。

⑤迁移学习方法：迁移学习方法尝试从一个相关任务中学习提示模板，然后将这些学到的知识迁移到目标任务中。这可以通过在相关任务上训练模型或使用相关任务的数据来获得通用的提示模板，然后对其进行微调以适应特定的任务。

每种方法都有其适用的情境和优势。根据任务的要求、可用数据和计算资源，选择合适的提示模板生成方法。通常，在实际应用中，研究人员和从业者可能会结合多种方法，以找到最适合其需求的提示模板生成方法。

7.2.3 优缺点分析

提示调优有一些明显的优点。

①更好的可控性：提示调优允许开发者更精确地控制模型生成的内容。通过设计明确的提示文本，可以引导模型生成特定类型的内容，确保生成的内容满足特定的要求，提高了可控性。

②更低的数据需求：相对于传统的微调法，提示调优对于大规模标注数据的依赖较小。它使用提示文本引导模型生成内容，因此可以在小规模数据集上实现，克服了数据稀缺性缺陷。

③适应多样性任务和领域：提示调优可适用于多种不同的任务和领域，从文本生成到自然语言理解和编程等。这提高了它的通用性，使其适用于各种应用。

④更少的不当生成：通过精心设计的提示，提示调优可以降低模型生成不合适、

有害或不符合道德标准内容的风险,从而提高应用的安全性。

另外,提示调优也存在下列缺点。

①复杂的提示设计:选择适当的提示文本是一项关键任务,需要深入了解应用领域和用户需求。不适当的提示文本可能导致性能下降或生成不符合预期的结果。

②更高的领域依赖性:提示调优通常需要特定领域的知识,以确保提示文本能够正确引导模型。这可能使它在不同领域之间的迁移性受到限制。

总之,提示调优是一个有潜力的技术,可以提高生成模型的性能和可控性,减少其对大规模标注数据的依赖。然而,它需要细致的提示设计和任务定制,并且在不同领域之间的应用可能需要额外的努力。在实际应用中,开发者需要权衡这些优点和缺点,以确定提示调优是否适合他们的特定任务和需求。

7.3 指令调优

指令调优概念最早在论文"Finetuned language models are zero-shot learners"中被提出,其用于提高语言模型响应自然语言指令的能力。其核心思想是通过教导语言模型执行自然语言指令描述的不同任务,语言模型将学会遵循指令,即使对于未见过的任务也能做出正确推理。该论文将一个具有1370亿个参数的预训练语言模型在由自然语言指令表达的60多个NLP数据集的混合数据上进行微调,并将得到的结果模型称为微调语言网络(Finetuned Language Net,FLAN)模型。

7.3.1 基本流程

以FLAN模型为例,其进行指令调优的基本流程如图7.4所示。我们首先将语言模型在一系列NLP任务(如常识推理、翻译和情感分析等)上进行微调。实验设置确保FLAN在指令调优阶段没有见过任何NLP任务,从而进一步评估它在零样本NLP任务上的泛化能力。评估结果显示,FLAN显著提高了基础的具有1370亿个参数模型的零样本性能。具体来说,零样本的FLAN性能在评估的25个数据集中20个优于1750亿个参数的GPT-3,甚至在ANLI、RTE、BoolQ、AI2-ARC、OpenBookQA和StoryCloze等数据集上大幅优于GPT-3的有样本性能。研究团队通过消融实验发现增加指令调优中的任务数量可以提高模型在新任务上的泛化能力。此外,研究表明指令调优的好处仅在具有足够模型规模时才会显现。

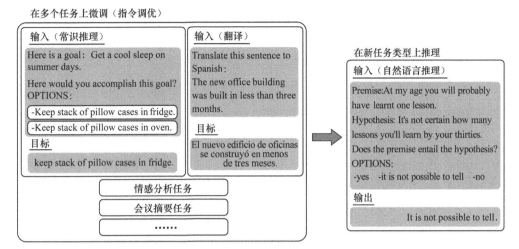

图7.4 FLAN模型进行指令调优的基本流程

7.3.2 指令模板

图 7.5 给出了用于 NLP 任务的不同指令模板的示例。对于每个数据集，FLAN 团队手动编写了 10 个独特的模板，并使用自然语言指令描述该数据集的任务。尽管这 10 个模板里的大多数都可以描述原始任务，但是为了增加任务多样性，对于每个数据集，FLAN 团队还引入了最多 3 个"反转任务"的模板（例如，对于情感分类任务，引入了要求生成电影评论的模板）。然后，FLAN 团队在所有数据集的混合数据上对一个预训练语言模型进行指令调优，其中每个数据集中的示例都是使用该数据集随机选择的指令模板格式化的。

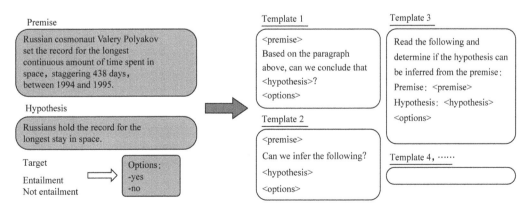

图7.5 用于NLP任务的不同指令模板示例

7.3.3 优缺点分析

指令调优结合了预训练与微调和提示调优的特性,通过使用自然语言指令的监督来改进大语言模型的推理性能。指令调优和预训练与微调、提示调优的对比,如图7.6所示。

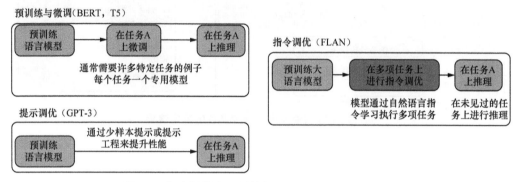

图7.6 指令调优和预训练与微调、提示调优的对比

总的来说,指令调优具有下列优点。

①具有更强的任务定制性:指令调优允许开发者为特定任务精确设计指令文本,从而使大语言模型更好地适应任务需求。

②具有更高的可控性:通过引导模型的输入,指令调优提高了对生成结果的可控性。开发者可以更精确地指导生成过程,确保生成内容的相关性、准确性和格式符合要求。

③具有更低的数据需求:相对于传统的预训练与微调方法,指令调优对于大规模标注数据的依赖较小。它可以在小规模数据集上实现,克服了数据稀缺性的缺陷。

④适应多样性任务:指令调优适用于各种NLP任务,从文本生成到自然语言理解和编程代码生成等。这提高了其通用性,使其可以适用于不同的应用场景。

另外,指令调优还存在下列缺陷。

①具有更高的数据成本:为指令调优生成高质量专家模型的成本较高。

②具有不唯一的答案:自然语言生成任务的很多答案不唯一,同一种意思可能有多种不同的表述方法。

③具有难以匹配的优化目标:大语言模型的优化目标与人类对于文本理解的偏好不匹配。

7.4 参考文献

[1] VASWANI A, SHAZEER N, PARMAR N, et al. Attention is all you need[C]// Proceedings of the 31st International Conference on Neural Information Processing Systems. New York: Curran Associates Inc, 2017: 6000-6010.

[2] ZHENG Q, XIA X, ZOU X, et al. CodeGeeX: a pre-trained model for code generation with multilingual evaluations on HumanEval-X[EB/OL]. (2023-03-30)[2024-04-18].

[3] CHEN M, TWOREK J, JUN H, et al. Evaluating large language models trained on code[EB/OL]. (2021-07-14)[2024-04-18].

[4] LI Y, CHOI D, CHUNG J, et al. Competition-level code generation with alphacode[EB/OL]. (2022-02-08)[2024-04-18].

[5] NIJKAMP E, PANG B, HAYASHI H, et al. A conversational paradigm for program synthesis[EB/OL]. (2023-02-27)[2024-04-18].

[6] FRIED D, AGHAJANYAN A, LIN J, et al. InCoder: A generative model for code infilling and synthesis[EB/OL]. (2023-04-09)[2024-04-18].

[7] XU F, ALON U, NEUBIG G, et al. A systematic evaluation of large language models of code[C]//ACM SIGPLAN International Symposium on Machine Programming. New York: ACM, 2022: 1-10.

[8] CHOWDHERY A, NARANG S, DEVLIN J, et al. Palm: scaling language modeling with pathways[EB/OL]. (2022-10-05)[2024-04-18].

[9] LU S, GUO D, REN S, et al. Codexglue: a machine learning benchmark dataset for code understanding and generation[EB/OL]. (2021-03-16)[2024-04-18].

[10] ZHU M, JAIN A, SURESH K, et al. XLCoST: a benchmark dataset for cross-lingual code intelligence[EB/OL]. (2022-06-16)[2024-04-18].

[11] KISHORE P, SALIM R, TODD W, et al. Bleu: a method for automatic evaluation of machine translation[C]// Proceedings of the 40th Annual Meeting of the Association for Computational Linguistics. Minneapolis: Association for Computational Linguistics, 2002: 311-318.

[12] REN S, GUO D, LU S, et al. Codebleu: a method for automatic evaluation of code synthesis[EB/OL]. (2020-09-27)[2024-04-18].

[13] AUSTIN J, ODENA A, NYE M, et al. Program synthesis with large language models[EB/OL]. (2021-08-16)[2024-04-18].

[14] HENDRYCKS D, BASART S, KADAVATH S, et al. Measuring coding challenge

competence with apps[EB/OL]. (2021-11-08)[2024-04-18].

[15] BROWN T, MANN B, RYDER N, et al. Language models are few-shot learners[C]// Conference on Neural Information Processing Systems. New York: Curran Associates Inc, 2020: 25.

[16] WEI J, BOSMA M, ZHAO V Y, et al. Finetuned language models are zero-shot learners[EB/OL]. (2022-02-08)[2024-04-18].

[17] LIU P, YUAN W, FU J, et al. Pre-train, prompt, and predict: a systematic survey of prompting methods in natural language processing[J]. ACM Computing Surveys. 2023: 195: 1-35.

第 8 章　基于人类反馈的强化学习

强化学习（Reinforcement Learning，RL）是一种机器学习方法，旨在通过与环境的交互学习最优的决策策略。然而，传统的强化学习方法通常需要大量的随机探索来学习，这在现实世界中可能是不切实际的。为了解决这个问题，研究人员开始探索如何从人类反馈中获得知识，这就是基于人类反馈的强化学习（Reinforcement Learning from Human Feedback，RLHF）。OpenAI 于 2022 年发表的论文"Training language models to follow instructions with human feedback"中引入了 RLHF 作为大型语言模型生成领域的新训练范式。

8.1 基本原理

在过去，传统的语言模型通常只能生成符合语法规则的句子，并且经常无法理解用户的意图，导致生成的输出与用户的期望不符。为了解决这个问题，研究者提出了 RLHF 方法，通过使用人类反馈对语言模型进行微调，使模型更好地理解用户的意图。通过利用人类反馈来微调模型，使其能够更好地遵循各种书面指令，从而生成更准确、逻辑更连贯、更安全且更符合用户期望的输出。

在传统的强化学习中，智能系统需要在与环境交互的过程中通过试错来学习最佳策略，这可能需要大量的试验和时间。相比之下，RLHF 方法利用人类反馈提供的知识和经验，以加速学习过程，使系统更快地达到期望的效果。利用人类反馈有几个重要原因：首先，人类反馈可以提供丰富的领域知识和经验，这对于某些任务而言是很宝贵的；其次，人类反馈通常可以更快地指导模型朝着正确的方向学习，节省了大量的试验时间；再次，人类反馈还可以提供有关任务的更多上下文和语义信息，帮助系统更好地理解任务的本质；最后，人类反馈可以用于解决一些环境中缺乏明确奖励信号的问题，因为即使没有明确的奖励信号人类也可以明确告诉系统何时做得好。

8.2 强化学习

8.2.1 核心思想

强化学习是一种受到心理学中"奖励学习"思想启发的机器学习方法。其核心思想是建立一个智能代理，这个代理通过与环境的互动来学习，并在每一步中采取一系列行动以最大化其获得的奖励信号。这个奖励信号可以看作环境对代理行为的反馈，帮助代理逐渐调整和优化其策略，以便在未来获得更大的奖励信号。强化学习的独特之处在于，代理需要通过不断试错和探索来学习。与监督学习不同，强化学习中通常不存在准确的标签或指导，代理必须自行发现最佳策略。这使得强化学习在解决许多现实世界问题（如自动驾驶、机器人控制、游戏玩法优化等）时变得非常有用。

8.2.2 关键元素

在大语言模型的场景中，我们可以将强化学习的关键元素与模型的组成要素进行类比，以更好地理解强化学习的过程。

①环境（Environment）：在大语言模型中，环境可以类比为模型当前的输入上下文。这包括模型观察到的文本、问题或任务描述等信息。模型需要理解这个环境，以便做出适当的回应。

②代理（Agent）：在大语言模型中，代理可以类比为大语言模型本身。模型是学习者，它通过观察输入文本（环境）并生成输出文本（回答、预测）来进行学习。

③状态（State）：在大语言模型中，状态可以类比为模型当前的内部状态，即模型的参数和隐藏层表示等。这些参数捕捉了模型对输入文本的理解和记忆。

④行动（Action）：在大语言模型中，行动可以类比为模型生成的下一个词元或一系列词元，即模型根据当前状态（参数）选择生成的文本。模型的目标是找到最佳的文本生成策略，以生成高质量输出。

⑤奖励（Reward）：在大语言模型中，奖励可以类比为生成文本的质量和与用户期望的接近程度。如果生成的文本内容合理、通顺、与输入文本相关，并且与用户期望接近，可以给予正奖励。相反，如果生成的文本与用户期望不接近，可以给予负奖励。

8.2.3 策略与价值函数

在强化学习中，代理的策略是指在每个状态下选择行动的概率分布。策略通常用符号 π 表示，$\pi(a|s)$ 表示在状态 s 下选择行动 a 的概率。

价值函数是衡量代理在某个状态或状态-行动对下的长期奖励的函数。有如下两种常见的价值函数。

①状态值函数 $V(s)$（State Value Function）：表示在状态 s 下按照策略 π 所能获得的长期奖励的期望值。

②行动值函数 $Q(s,a)$（Action Value Function）：表示在状态 s 下选择行动 a 并按照策略 π 所能获得的长期奖励的期望值。

代理的目标是找到一个最佳策略，即最大化状态值函数或行动值函数。最常见的方法之一是使用贝尔曼方程，它将当前状态（或状态-行动对）的值与未来状态的值联系起来，从而帮助代理更新策略。在强化学习中，代理需要在探索和利用之间取得平衡。探索是指代理在尚未了解最佳策略的情况下主动尝试不同的行动，以发现更佳的策略。利用是指代理基于已知信息选择当前被认为最佳的行动。这个平衡问题是强化学习中的一个关键挑战。如果代理过于贪婪地利用已知信息，可能会错过更佳的策略。相反，如果代理过于频繁地进行探索，可能会浪费时间尝试低效的行动。因此，设计有效的探索策略是强化学习中的一个重要课题。

8.2.4 PPO算法

在强化学习领域，近端策略优化（Proximal Policy Optimization，PPO）算法已经成为一种备受欢迎的策略优化算法。它是一种高效且稳定的算法，用于训练智能代理以执行各种任务。PPO算法的核心思想是通过迭代改进策略，提高代理在任务中的性能。但与其他策略优化算法不同，PPO算法引入了一个被称为"近端策略优化"的概念，以确保策略更新的稳定性。这个近端策略优化的目标是在每次更新时最大化策略的性能，同时控制策略的更新幅度，以避免增强不稳定性。

1. 目标函数

PPO算法的目标函数用于衡量策略更新的优劣。目标函数旨在最大化期望奖励，同时控制策略更新的幅度。目标函数通常可以表示为式（8.1）的形式。

$$J(\theta) = E\left[\frac{\pi(a|s)}{\pi_{\text{old}}(a|s)} A(s,a)\right] \qquad (8.1)$$

式中，$J(\theta)$ 是目标函数，θ 表示策略参数；$\pi(a|s)$ 表示新策略在给定状态 s 下选择行动 a 的概率；$\pi_{\text{old}}(a|s)$ 表示旧策略在相同状态 s 下选择行动 a 的概率；$A(s,a)$ 是优势

函数，衡量在状态 s 下选择行动 a 相对于当前策略的优势。优势函数表示了采取某个行动相对于采取平均行动的好处。

2. 近端策略优化

PPO 算法通过引入一个裁剪函数来限制新策略和旧策略之间的差异。这个裁剪函数在计算损失函数中的作用表示为式（8.2）的形式。

$$L(\theta) = E\left[\min\left(\frac{\pi(a|s)}{\pi_{\text{old}}(a|s)}A(s,a), \text{clip}(\rho, 1-\epsilon, 1+\epsilon)A(s,a)\right)\right] \quad (8.2)$$

式中，ϵ 是一个小常数，通常取较小的值，如 0.1；$\text{clip}(\rho,a,b)$ 函数用于将 ρ 限制在区间 $[a,b]$ 内。

PPO 算法的目标是最大化目标函数 $J(\theta)$ 以更新策略参数 θ，同时最小化近端策略优化的裁剪函数 $L(\theta)$。这样，PPO 算法的策略更新在保持新旧策略之间的相似性的同时，寻找能够优化的方向。

3. 策略更新

策略参数 θ 的更新通常采用梯度上升法来执行。目标是最大化目标函数 $J(\theta)$。更新公式如式（8.3）所示。

$$\theta \leftarrow \theta + \alpha \nabla J(\theta) \quad (8.3)$$

式中，α 是学习率，用于控制更新步长。在模型训练过程中通常需要对 α 进行调整以确保模型的收敛性和稳定性。

4. 重复迭代

PPO 算法是一个迭代算法，它将上述步骤进行多次迭代，不断采集数据、更新策略参数、计算优势函数，并控制策略更新的幅度，直到代理在任务中表现出令人满意的效果。

5. 采样方法

在 PPO 算法中，通常使用策略轨迹采样方法，如蒙特卡洛（Monte Carlo）采样或演员 - 评论家（Actor-Critic）采样方法来收集训练数据。代理与环境交互，收集状态、行动和奖励的轨迹，并用于计算目标函数和优势函数。

总的来说，PPO 算法是一种强化学习算法，通过近端策略优化来平衡策略更新的效果和稳定性。它使用目标函数衡量策略的优劣，并通过梯度上升法更新策略参数。PPO 算法的迭代过程通过重复数据采集、策略更新不断改进策略，从而使代理在任务中获得更好的效果。这种算法的优点在于它具有较高的稳定性、高效性及适用于各种不同类型的强化学习任务。

8.3 InstructGPT 和 ChatGPT 中的 RLHF

本节将介绍基于 RLHF 的 InstructGPT 和 ChatGPT 模型的训练流程、训练任务及模型效果。

8.3.1 训练流程

InstructGPT 和 ChatGPT 都采用了与 GPT-3 相同的神经网络架构,并且都由 OpenAI 团队通过 RLHF 技术微调得到。图 8.1 介绍了 InstructGPT 的训练流程,主要包含如下 3 个步骤。

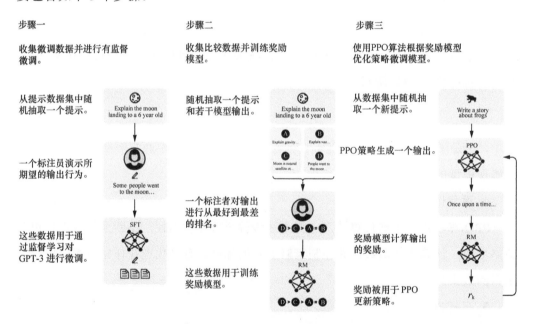

图8.1 InstructGPT的训练流程

①收集微调数据并进行有监督微调:OpenAI 聘请了一个由 40 名承包商组成的团队,根据他们在筛选测试中的表现,对训练数据进行标注。这个标注团队的任务是根据一系列书面指令,生成期望的输出示范。这一系列书面指令主要针对 OpenAI 的 API 提交的提示(大多数是英文提示),但也包括一些由标注人员自己编写的提示。然后 OpenAI 使用监督学习方法对预训练的 GPT-3 模型进行微调。这

个过程也被称为有监督微调（Supervised Fine-Tuning，SFT）。

②收集比较数据并训练奖励模型：OpenAI 收集了大量人工标注的比较数据。具体来说，OpenAI 让人工标注员对 InstructGPT 模型在一组更广泛的 API 提示上生成的输出进行了两两比较，以确定哪个输出更受人工标注员的喜欢。这个比较数据集用于训练奖励模型（Reward Model，RM），这个模型的任务是对给定的一个提示词和回答，输出一个标量值作为奖励信号，该标量值反映了该回答符合人类期望的程度。即奖励值越高，在人类眼中该回答越好。

③使用 PPO 算法根据奖励模型优化策略微调模型：OpenAI 使用先前训练的奖励模型作为奖励函数，并采用强化学习的方法，具体来说是采用 PPO 算法，微调他们的监督学习基线模型。这个过程的目标是微调模型使模型输出的回答获得更高的奖励值，以使模型更好地遵循人类提供的书面指令。通过不断优化模型的策略，使其生成更符合人类喜好的文本输出。

这 3 个步骤的结合使 InstructGPT 模型能够根据书面指令生成符合人类喜好的文本输出，从而增强其实用性和可控性。这个模型在特定任务中表现出色，可以应用于各种领域，例如教育、技术支持、自动化文档生成等。其中，第二步和第三步可以交替进行，以实现反复迭代优化。

8.3.2 训练任务

InstructGPT 主要包含下列 3 个部分的训练任务。

1. 有监督微调

OpenAI 团队使用监督学习方法，对 GPT-3 在人类标注的高质量数据（Demonstration Data）上进行微调。团队进行了 16 轮训练，采用余弦学习率衰减和 0.2 的残差丢失率，并且基于在验证集上的奖励模型得分选择最终的 SFT 模型。最终实验发现 SFT 模型在 1 个 epoch 后在验证集上的损失函数值出现了过拟合。尽管出现了过拟合，但是训练更多的 epoch 对奖励模型得分和人类偏好评分都有帮助。

2. 奖励模型

给定一个提示（Prompt）和响应（Response），奖励模型输出的是奖励值。InstructGPT 和 ChatGPT 在处理每个提示时，会随机生成 $K(4 \leqslant K \leqslant 9)$ 个不同的响应，然后将它们成对展示给每位人工标注员。人工标注员会从 $\binom{K}{2}$ 个响应对中选出其认为更好的响应对。在模型训练时，InstructGPT 和 ChatGPT 将每个提示的 $\binom{K}{2}$ 个响应对作为一个批次进行训练。这种按照提示为单位组织批次的训练方法相较于传统的按照样本为单位组织批次的训练方法更不容易出现过拟合，因为每个提示只会被输入模型中一次。

具体来说，奖励模型的损失函数如式（8.4）所示。

$$\text{loss}(\theta) = -\frac{1}{\binom{K}{2}} E_{(x, y_w, y_l) \sim D} [\log(\sigma(r_\theta(x, y_w) - r_\theta(x, y_l)))] \quad (8.4)$$

式中，$r_\theta(x, y)$ 是参数为 θ 的奖励模型对于提示 x 和响应 y 输出的奖励值，y_w 是人工标注员认为更好的响应对，y_l 是人工标注员认为相对不够好的响应对，D 是整个训练集。

3. 强化学习模型

OpenAI 团队使用 PPO 算法对 SFT 模型进行微调。给定一个提示和相应的响应，该算法会生成由奖励模型确定的奖励，并结束该轮训练。此外，OpenAI 团队对每个词元添加了来自 SFT 模型的 KL（Kullback-Leibler）惩罚，以减轻奖励模型的过度优化。此外，团队还尝试将预训练梯度与 PPO 梯度混合在一起，以解决公共 NLP 数据集上的性能回退问题。在强化学习训练中，我们最大化式（8.5）所示的目标函数。

$$\begin{aligned}\text{objective}(\theta) = &\, E_{(x,y) \sim D_{\pi_\theta^{RL}}} [r_\theta(x, y) - \beta \log(\pi_\theta^{RL}(y|x) / \pi^{SFT}(y|x))] \\ &+ \gamma E_{x \sim D_{\text{pretrain}}} [\log(\pi_\theta^{RL}(x))]\end{aligned} \quad (8.5)$$

式中，π_θ^{RL} 是学到的强化学习策略，SFT 是 SFT 模型，D_{pretrain} 是预训练数据的分布。KL 奖励系数 β 和预训练损失系数 γ 分别控制 KL 惩罚的强度和预训练梯度的权重。

8.3.3 模型效果

实验表明，通过 RLHF 训练得到的 InstructGPT 和 ChatGPT 模型具有如下特性。

① 更符合人类偏好的输出：人工标注员明显更喜欢 InstructGPT 生成的输出，而不是来自 GPT-3 的输出。尽管 InstructGPT 的参数数量不到 GPT-3 模型的百分之一。这两个模型具有相同的架构，唯一的不同是 InstructGPT 在人类数据上进行了微调。

②更加可信赖的输出：在TruthfulQA基准测试中，InstructGPT提供诚实且信息丰富的答案的概率大约是GPT-3的两倍。在没有针对GPT-3进行对抗选择的问题子集上，InstructGPT的表现同样强大。在来自API提示分布的"封闭领域"任务中，输出不应包含输入中不存在的信息（例如摘要和封闭领域问答），InstructGPT模型生成虚构信息的概率大约是GPT-3的一半（分别为21%与41%）。

③更好的泛化能力：InstructGPT模型在RLHF微调分布之外的指令上表现出了优异的泛化能力。InstructGPT能够遵循代码摘要，回答有关代码的问题，并且有时可以遵循不同语言的指令，尽管这些指令在微调分布中非常罕见。相比之下，GPT-3也可以执行这些任务，但需要更仔细的提示，通常不会在这些任务内遵循指令。实验结果表明InstructGPT能够泛化"遵循指令"的概念。即使在任务上它们几乎没有直接的监督信号，它们仍然保持了某种程度的对齐。

8.4 优缺点分析

RLHF有一些明显的优点和缺点。一方面，它的优点如下。

①数据效率提高：相对于传统的强化学习方法，RLHF在数据效率方面表现得更好。通过从人类反馈中学习，代理可以更快地收敛到良好的策略，减少了训练所需的样本数量。

②稳健性增强：使用人类反馈可以帮助模型在不确定环境中获得更好的表现。这有助于克服传统强化学习在应对不稳定环境时的困难。

③可解释性：由于人类反馈通常更易理解，RLHF方法通常更具可解释性。这对于某些关键应用领域，如医疗保健或自动驾驶，尤其重要。

④领域自适应：RLHF技术可以轻松适应不同的领域，只需要提供相关领域的反馈数据，而不需要重新训练整个模型。

另一方面，RLHF还有如下的缺点。

①人类偏好数据的收集成本高：在部署RLHF系统时，由于需要与人类工作者直接整合而不仅是在训练循环中使用，收集人类偏好数据的成本变得非常高。确保RLHF的性能与高质量的人工标注数据一样好，需要投入大量资源，特别是为了生成高质量的人工文本来应对特定提示，通常需要雇用兼职员工，而不能仅依赖于产品用户或众包方式。

②人类偏见引入方差：RLHF 的另一个缺点是人工标注员往往存在不同观点，这在没有明确的事实基础的情况下增加了训练数据的潜在方差。

8.5 参考文献

[1] OUYANG L, WU J, JIANG X, et al. Training language models to follow instructions with human feedback[C]//Conference on Neural Information Processing Systems. New York: Curran Associates Inc, 2022: 27730-27744.

[2] CHRISTIANO P, LEIKE J, BROWN T B, et al. Deep reinforcement learning from human preferences[C]// Conference on Neural Information Processing Systems. New York: Curran Associates Inc, 2017: 4299-4307.

[3] SCHULMAN J, WOLSKI F, DHARIWAL P, et al. Proximal policy optimization algorithms[EB/OL]. (2017-08-28)[2024-04-18].

[4] LI Y. Deep reinforcement learning: an overview[EB/OL]. (2018-11-26)[2024-04-18].

第 9 章　BLOOM 和 LLaMA 模型实践

9.1 BLOOM 介绍

2022 年，BigScience 社区开发并发布了 BLOOM（BigScience Large Open-science Open-access Multilingual）语言模型，旨在帮助学术界、非营利组织和小型公司的研究实验室能够更好地研究和使用大语言模型。该模型成为第一个完全开源超过 100B（$1B=10^9$）参数的自然语言模型。BLOOM 采用了 Transformer 解码器结构，可提供 560M（$1M=10^6$）、1.1B、1.7B、3B、7.1B 和 176B 参数规格的模型，其训练数据集涵盖 46 种自然语言与 13 种编程语言，并采用了工业级的计算机集群进行训练，能在文本生成中达到类似人类写作的 SOTA 效果。

9.1.1 模型结构

如图 9.1 所示，BLOOM 采用了类 GPT 结构，它们都是 causal decoder-only 的 Transformer 模型结构，在掩码方法上使用的都是 Causal Mask 与 Padding Mask，激活函数都采用 GeLU 函数，训练形式都是通过上文预测下一个词。与 GPT 不同的是，BLOOM 的 Positional Embeddings 采用了 ALiBi 方法。

1. Positional Embeddings 的 ALiBi 方法

BLOOM 采用了相对位置编码 ALiBi，ALiBi 直接作用在注意力得分（Attention Score）上，本质上是给 Score 矩阵加入了一个预设好的偏置矩阵，从而体现位置的差异性，如图 9.2 所示。

该方法不同于绝对位置编码，ALiBi 的编码方式提高了模型整体的外推性，即使训练时的序列长度为 2048 token，模型在用于推理的时候也可以处理更长的输入序列。ALiBi 的原理是给定一个长度为 L 的输入序列，得到多头注意力的第 i 个查询 $q_i \in \mathbb{R}^{1 \times d}(1 \leq i \leq L)$ 与前 i 个键 $K \in \mathbb{R}^{i \times d}$ 的权重，如式（9.1）所示。

$$\text{softmax}(q_i \boldsymbol{K}^\text{T}) \tag{9.1}$$

利用 ALiBi 方法后，采用预设的偏置矩阵对注意力得分加入静态偏差，因此上式可变换为式（9.2）的形式。

$$\text{softmax}(q_i \boldsymbol{K}^\text{T} + m \times [-(i-1), \cdots, -2, -1, 0]) \tag{9.2}$$

式中，m 为调节因子的超参数，表示与多头注意力相关的斜率；$[-(i-1), \cdots, -2, -1, 0]$ 代表 ALiBi 相对位置编码矩阵，其中的值为查询与键之间的相对距离，其本质的效

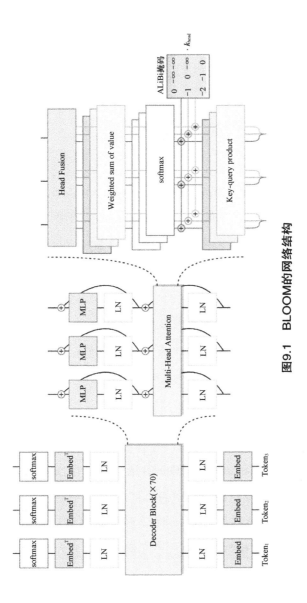

图9.1 BLOOM的网络结构

果是两个词元距离越远,那么相互的贡献也就越少。

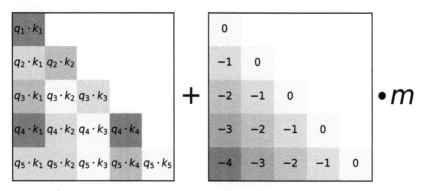

图9.2 相对位置编码ALiBi

2. Layer Normalization

Layer Normalization 的方式通常有两种:pre layer norm 与 post layer norm。它们之间的区别是正则化的位置不同。在最初的 Transformer 模型中,Layer Normalization 在残差连接之后被执行,所以采用的方式为 post layer norm。但是随着网络层数的增加,Transformer 模型很容易出现训练不稳定的问题。因此,将 Layer Normalization 放在残差连接的过程中执行,并采用 pre layer norm 有助于提高整个模型的训练稳定性,但是其缺点是会轻微影响 Transformer 模型的性能。BLOOM 为了提高训练稳定性,采用了 pre layer norm 的方式。此外,BLOOM 还在 Embedding 层后添加了 Layer Normalization,进一步提高了训练稳定性。

9.1.2 预训练数据集

BLOOM 采用了涵盖 59 种语言的 ROOTS 语料库进行预训练,ROOTS 语料库由 498 个 HuggingFace 数据集组成,其中的语言主要分为自然语言与编程语言两部分。ROOTS 语料库总共的数据量为 1.61 TB,经过数据清洗与筛选后,最终转换得到 3.66×10^{11} 个词元,整个模型的词表大小(词元数量)为 250880。

1. 自然语言

BLOOM 预训练使用的数据集中各类自然语言的占比如图 9.3 所示。

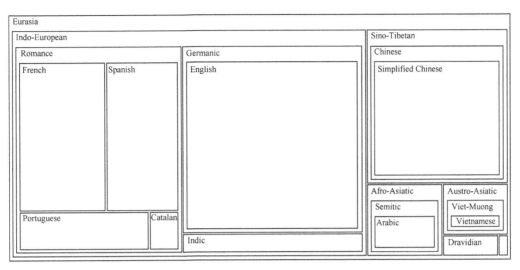

图9.3 数据集中的自然语言占比最高的几种语言

部分预训练数据集中各类自然语言的占比如表9.1所示。

表9.1 部分预训练数据集中各类自然语言的占比

序号	语言	占比
1	英语（English）	30.03%
2	简体中文（Simplified Chinese）	16.16%
3	法语（French）	12.9%
4	西班牙语（Spanish）	10.85%
5	葡萄牙语（Portuguese）	4.91%
6	阿拉伯语（Arabic）	4.6%

2. 编程语言

如图9.4所示，数据集中包括C++、PHP、Java、Python、JavaScript、C#、Ruby、Lua、TypeScript、Go、C、Scala、Rust等多种类型的编程语言，其中一个方块代表200 MB的数据量。

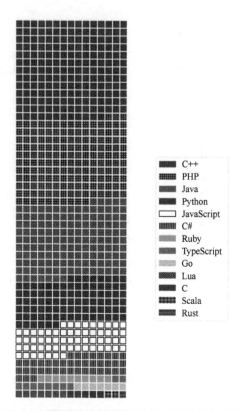

图9.4　BLOOM预训练使用的数据集中各类编程语言的占比

9.2 BLOOM 实现

BLOOM 采用 Mindformers 接口实现，随着 Mindformers 迭代开发的进行，其接口与调用流程可能会有所改变，因此书中代码仅为示例代码。

BLOOM 的实现主要是模型架构的实现，模型架构的实现是将注意力计算模块和 MLP 组合成 BLOOMBlock，然后输入词元依次经过 Embedding、BLOOMBlock、BLOOMHead 等结构，最后通过 softmax 得到最终的 logits。

9.2.1 BLOOM 架构实现

1. 相对位置编码 ALiBi 的实现

相对位置编码 ALiBi 直接作用在了注意力得分上，本质上是给 Score 矩阵加入一个预设好的偏置矩阵，从而体现位置的差异性。相对位置编码 ALiBi 不是向嵌入层添加位置信息，而是根据键和查询的距离直接降低注意力权重，如代码9.1所示。

代码9.1 相对位置编码ALiBi的实现

```
import math
import numpy as np
from mindspore.ops import operations as P
from mindspore.common.initializer import Tensor

class AlibiTensor(nn.Cell):
    """
    Link to paper: https://arxiv.org/abs/xxx Alibi tensor is not causal as the original paper mentions, it
    relies on a translation invariance of softmax for quick implementation: with l being a tensor, and a fixed value
    `softmax(l+a) = softmax(l)`. Based on
    https://github.com/ofirpress/attention_with_linear_biases/blob/xxx6b789dfcb46784c4b8e31b7983/fairseq/models/transformer.py#L742
    Args:
        seq_length(int) - length of sequence
        num_heads(int) - number of heads
    Inputs:
        attention_mask(Tensor) - Token-wise attention mask, this should be of shape (batch_size, max_seq_len).
        dtype(mstype) - dtype of the output tensor

    Returns:
        alibi(Tensor), ailibi tensor shaped (batch_size * num_heads, 1, max_seq_len)
    """
    def __init__(self, seq_length, num_heads):
        super(AlibiTensor, self).__init__()
        self.seq_length = seq_length
        self.num_heads = num_heads
        self.expand = P.ExpandDims()
        self.expand.shard(((1, 1),))

        # build slopes
        closest_power_of_2 = 2 ** math.floor(math.log2(num_heads))
        base = np.array(2 ** (-(2 ** -(math.log2(closest_power_of_2) - 3))), dtype=np.float32)
        powers = np.arange(1, 1 + closest_power_of_2, dtype=np.int32)
        slopes = np.power(base, powers)
        if closest_power_of_2 != num_heads:
```

```
                extra_base = np.array(
                    2 ** (-(2 ** -(math.log2(2 * closest_power_of_2) - 3))),
dtype=np.float32
                )
                num_remaining_heads = min(closest_power_of_2, num_heads - closest_
power_of_2)
                extra_powers = np.arange(1, 1 + 2 * num_remaining_heads, 2, dtype=
np.int32)
                slopes = np.concatenate([slopes, np.power(extra_base, extra_
powers)], axis=0)
            self.slopes = Tensor(slopes[:, None], mstype.float32)

    def construct(self, attention_mask, dtype):
        """
        Note: alibi will added to the attention bias that will be applied to
the query, key product of attention
        therefore alibi will have to be of shape (batch_size, num_heads, query_
length, key_length)
        """
        batch_size = attention_mask.shape[0]
        arange_tensor = (attention_mask.cumsum(axis=-1) - 1) * attention_mask
        arange_tensor = self.expand(arange_tensor, 1)
        alibi = self.slopes * arange_tensor
        return alibi.reshape(batch_size, self.num_heads, 1, self.seq_length).
astype(dtype)
```

2. Multi-Head Attention 层的实现

如图9.5所示，在 Multi-Head Attention 中，首先对查询和键进行矩阵乘得到 Score 矩阵，然后在得到的 Score 矩阵上采用相对位置编码 ALiBi。然后使用 softmax，并与值内积。最后用一个全连接层进行 Head Fusion。

3. BLOOMBlock 的实现

BLOOM 的 block 类似 GPT 的结构，如图9.6所示，输入的词元依次通过 LayerNorm（LN）层、Multi-Head Attention 层、LayerNorm 层、MLP 层，并在 Multi-Head Attention 层和 MLP 层结束的位置建立残差连接。

4. BLOOMLMHeadModel 的实现

如图9.7所示，BLOOM 整体的模型结构首先将词元进行 Embedding 和 layer norm，然后通过多层 BLOOMBlock，最后再对 BLOOMBlock 的输出进行 layer norm 和反 Embedding，并通过 softmax 计算输出的 logits 分布。

第 9 章 BLOOM 和 LLaMA 模型实践

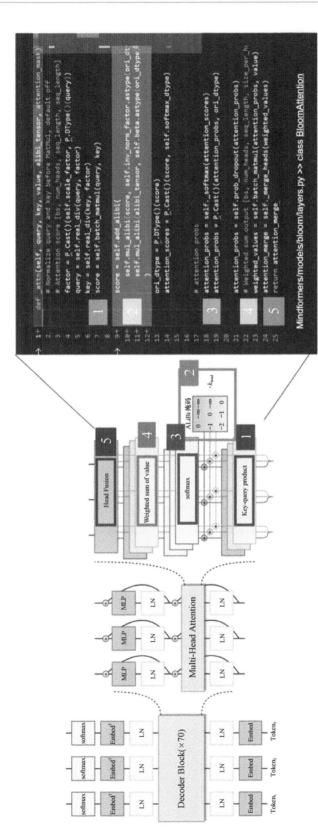

图9.5 BLOOM的多头注意力的结构与实现

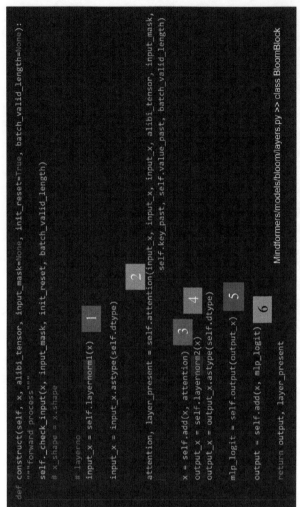

图9.6 BLOOM的block的结构与实现

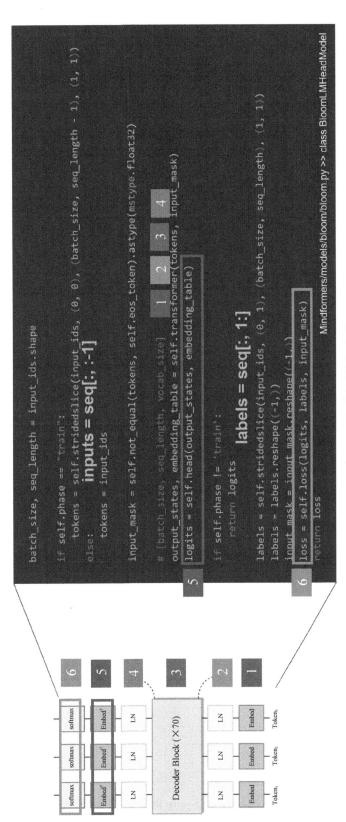

图9.7 BLOOM模型的结构与实现

9.2.2 BLOOM 总结

MindSpore 实现的 BLOOM 整体网络结构完全对齐 HuggingFace，同时基于 MindSpore 的特性，其网络结构的计算精度策略有所不同：HuggingFace BLOOM-175B 统一使用 BF16（BLOOM-560M/1.1B/1.7B/3B/7.1B 采用 FP16），MindSpore BLOOM-175B 使用混合精度 softmax、layer norm、Embedding，优化器采用 FP32，其余采用 FP16。

9.3 基于 BLOOM 的微调

本节示例采用单机 8 卡对 BLOOM-7.1B 模型进行微调。

9.3.1 数据集准备

本小节以 Alpaca 为例，需要大概 21 MB 数据用于微调。首先在官方网站下载 alpaca_data.json 文件，然后调用 Mindformers 官方提供的数据制作工具进行准备。

工具的脚本可以将 alpaca_data.json 转换成微调过程所需要的 MindRecord 文件，具体的执行命令如下：

```
python mindformers/tools/dataset_preprocess/bloom/make_mindrecord.py --input_dataset_file=XXX/alpaca_data.json --output_path=XXX --N=51200
```

其中 --N=51200 表示将 alpaca_data.json 中的 52000 条数据中的前 51200 条数据转换成 MindRecord 格式，而当 --N=-1 时将转换 alpaca_data.json 中的全部数据。除此以外，在执行此脚本时，对于每个提示（Prompt），都会默认执行如下操作：将问题和回答按照模板制作成提示文本（Prompt Text），只有回答部分参与微调的损失计算；使用 BLOOMTokenizer 将提示从文本转换成词元 ID；添加 eos_token_id 直到达到 seq_length。

执行脚本文件后，--output_path 目录下将生成 MindRecord 文件。

9.3.2 Checkpoint 转换

HuggingFace 上的模型权重可以通过已经准备好的权重转换脚本对 Checkpoint（后简称 ckpt）进行 HuggingFace 和 MindSpore 间格式的转换，转换命令如下。

```
python convert_weight.py --n_head=xx --hidden_size=xx --torch_path=path_to_hf_
bin_file_or_folder --mindspore_path=output_path
```

其中，--n_head=xx --hidden_size=xx 根据模型定义，如 bloom_560m 的 --n_head=16, --hidden_size=1024; bloom_7.1b 的 --n_head=32, --hidden_size=21096。

9.3.3　生成集群通信表

运行 mindformers/tools/hccl_tools.py 生成集群通信表 RANK_TABLE_FILE 文件，用于单机多卡的训练与推理，具体的执行命令为：

```
python ./mindformers/tools/hccl_tools.py --device_num "[0,8)"
```

若使用 ModelArts 的 notebook 环境，可从 /user/config/jobstart_hccl.json 路径下直接获取 rank table，无须手动生成。RANK_TABLE_FILE 单机 8 卡参考样例如代码 9.2 所示。

代码9.2　RANK_TABLE_FILE单机8卡参考样例

```
{
    "version": "1.0",
    "server_count": "1",
    "server_list": [
        {
            "server_id": "xx.xx.xx.xx",
            "device": [
                {"device_id": "0","device_ip": "192.1.27.6","rank_id": "0"},
                {"device_id": "1","device_ip": "192.2.27.6","rank_id": "1"},
                {"device_id": "2","device_ip": "192.3.27.6","rank_id": "2"},
                {"device_id": "3","device_ip": "192.4.27.6","rank_id": "3"},
                {"device_id": "4","device_ip": "192.1.27.7","rank_id": "4"},
                {"device_id": "5","device_ip": "192.2.27.7","rank_id": "5"},
                {"device_id": "6","device_ip": "192.3.27.7","rank_id": "6"},
                {"device_id": "7","device_ip": "192.4.27.7","rank_id": "7"}],
            "host_nic_ip": "reserve"
        }
    ],
    "status": "completed"
}
```

9.3.4　启动预训练或微调

通过 /configs/bloom/run_bloom_7.1b.yaml 中的 model: checkpoint_name_or_path

字段来加载 ckpt。其余的参数配置如表 9.2 所示。

表9.2　BLOOM微调的参数配置

参数名	微调参数配置
load_checkpoint	"xxx/bloom_7.1b.ckpt"
train_dataset:data_loader:dataset_dir	FINETUNE_DATASET
parallel_config.micro_batch_num	16
runner_config.epochs	3
lr_schedule.learning_rate	0.000001
lr_schedule.lr_end	0.000001
lr_schedule.warmup_steps	0
lr_schedule.warmup_steps	−1
callbacks.save_checkpoint_steps	400

其中，FINETUNE_DATASET 是准备好的 alpaca_2049 数据集。配置好参数之后便可以执行如下微调命令：

```
cd /mindformers/scripts
bash run_distribute.sh RANK_TABLE_FILE ../configs/bloom/run_bloom_7.1b.yaml [0,8] finetune 8
```

其中 RANK_TABLE_FILE 为 9.3.3 小节生成的 rank table 文件。执行后图编译大约需要 1.5 h，拥有 51200 条数据的 alpaca_data.json 数据集的微调时间大约为 4 h/epoch。

9.3.5　微调后的对话效果

在 mindformers/scripts 路径下执行脚本 combine_ckpt.py，该脚本会合并 strategy.ckpt，然后清理微调后 ckpt 中的优化器状态，最后合并所有的 ckpt 用于单机推理。具体的执行如代码 9.3 所示。

代码9.3　合并权重

```
# combine_ckpt.py
import os
import mindspore as ms

CKPT_SUFFIX = "300_8" # 300(sink number) * 8 (sink size) = 2400 step
CLEANED_CKPT_DIR = "../output/checkpoint_cleaned"
COMBINED_CKPT_DIR = "../output/checkpoint_combined"
```

```python
COMBINED_STGY = "../output/strategy/ckpt_strategy.ckpt"

# 合并策略
ms.merge_pipeline_strategys("../output/strategy", COMBINED_STGY)

# 清除优化器状态清理 ckpt
for rank_id in range(8):
    input_file_name = f"../output/checkpoint/rank_{rank_id}/mindformers_rank_{rank_id}-{CKPT_SUFFIX}.ckpt"
    params = ms.load_checkpoint(input_file_name)
    new_params = [{"name": key, "data": val}  for key, val in params.items() if not ("accu_grads" in key or "adam_" in key) ]

    save_path = os.path.join(CLEANED_CKPT_DIR, f"rank_{rank_id}")
    os.makedirs(save_path, exist_ok=True)
    ms.save_checkpoint(new_params, f"{save_path}/cleaned.ckpt")
    print(f"saved {save_path}")

# 合并 ckpt
ms.transform_checkpoints(CLEANED_CKPT_DIR, COMBINED_CKPT_DIR, ckpt_prefix = "combined_", src_strategy_file = COMBINED_STGY)
```

完成 ckpt 的合并后，针对 Alpaca 数据集配置提示模板，然后执行代码 9.4 所示的脚本，进行推理查看微调效果。

代码9.4　对微调后的权重进行推理

```python
import numpy as np
import mindspore as ms
from mindformers import AutoTokenizer
from mindformers.models.bloom import BLOOMConfig, BLOOMLMHeadModel

ms.set_context(mode=ms.GRAPH_MODE, device_target="Ascend", device_id=0)

alpaca_prompt = (
    "Below is an instruction that describes a task. "
    "Write a response that appropriately completes the request.\n\n"
    "### Instruction:\n{instruction}\n\n### Response:\n")

# 7B
CKPT_FILE = "xxx/mindformers/output/checkpoint_combined/rank_0/combined_0.ckpt"
SEQ_LENGTH = 1024
config = BLOOMConfig(
    param_init_type="float16",
    embedding_init_type="float32",
```

```
        checkpoint_name_or_path=CKPT_FILE,
        max_decode_length=SEQ_LENGTH,
        seq_length=SEQ_LENGTH,
        hidden_size=4096,
        num_layers=30,
        num_heads=32,
        hidden_dropout_rate=0.0,
        attention_dropout_rate=0.0,
        batch_size = 1,
        use_past = True
)

def chat():
    tokenizer = AutoTokenizer.from_pretrained("bloom_560m")
    model = BLOOMLMHeadModel(config)
    model.set_train(False)

    question_list = [
        "why the earth is unique?",
        "why the sky is blue?",
        "write a job application for a data scientist and explain your related work experience."
        ]

    while True:
        if question_list:
            question = question_list.pop(0)
        else:
            question = input("please input your question: ")
        question = alpaca_prompt.format_map({"instruction":question})
        inputs = tokenizer.encode(question)
        inputs = np.array([inputs]).astype(np.int32) # add batch dim
        outputs = model.generate(inputs, max_length=None, do_sample=False, eos_token_id=2)
        outputs = outputs[0] # remove batch dim
        print(tokenizer.decode(outputs))

if __name__ == "__main__":
    chat()
```

最终微调后的损失收敛曲线及对话效果对比如图 9.8 所示。

相比于微调前的推理，微调后的推理效果有明显的提升，如表 9.3 所示。该表对比了 3 个示例问题在微调前后的效果。

第 9 章 BLOOM 和 LLaMA 模型实践

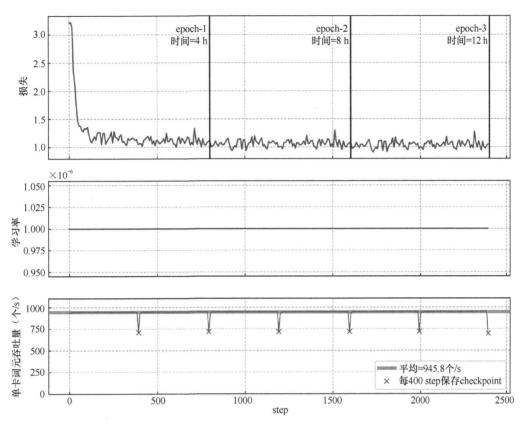

图 9.8 BLOOM Alpaca 数据集微调的损失收敛曲线、
学习率和单卡词元吞吐量（DP/MP/PP=1/4/2, uB=4, GBS=64）

表 9.3 BLOOM Alpaca 数据集微调的前后效果对比

问题	微调前	微调后
why the earth is unique?	It is the only planet with a liquid surface	The Earth is unique because it is the only planet with a liquid surface, a magnetic field, and a protective atmosphere. It is also the only planet with a life-supporting atmosphere and a diverse and abundant life-supporting ecosystem.
why the sky is blue?	Light from the sun is scattered	The sky is blue because of the presence of water droplets in the atmosphere. These droplets reflect light back to the sky, causing the sky to appear blue.
write a job application for a data scientist and explain your related work experience.		Dear Employer, I am writing to apply for the position of Data Scientist. I have over 5 years of experience in data science and machine learning, and I am excited to join your team. I have experience in supervised and unsupervised machine learning algorithms, data visualization, and data cleaning. I am also proficient in Python, R, and SQL. I am looking forward to discussing my qualifications further and hearing from you soon. Sincerely, [Your Name]

从表 9.3 可以看到，BLOOM Alpace 数据集微调前的对话效果一般，回答内容较少且存在特定问题无法回答的现象。而在简单的微调后，对话效果得到了明显提升，回答内容的正确性、合理性及丰富性均得到了相应的提高。在实际的应用场景中，可根据需要改变 BLOOM Alpace 数据集的微调步数及超参数，以便获得更好的效果。

9.4 LLaMA 模型介绍

LLaMA 是 Meta 公司于 2023 年 2 月 25 日公布的大语言模型，其包含 7B、13B、33B 和 65B 这 4 个规格参数的模型，模型代码在 GitHub 上开源，模型权重可以通过申请获得，可用于研究，不可商用。其中，LLaMA-13B 在自然常识、阅读理解等多项指标上的效果优于 GPT3-175B，LLaMA-65B 与 Chinchilla-70B 和 PaLM-540B 效果相当。

由于 LLaMA 具有对研究开源、结构相对简单、训练稳定的性质，产生了许多基于 LLaMA 进行微调的模型，例如，Alpaca 使用来自 ChatGPT-3.5 的 5.2 万条问答数据对 LLaMA 进行微调，使模型具有问答的功能；Vicuna 使用用户分享的问答数据对 LLaMA 进行微调，使模型问答能力可以达到 ChatGPT-3.5 问答能力的 90%，在百亿级开源大语言模型中达到最好的效果。有趣的是，在英文中 llama 指美洲大羊驼，alpaca 指羊驼，vicuna 指小羊驼，还有一些微调模型取类似名字，因此包含 LLaMA 在内的各类微调模型又被称为"羊驼家族"。

2023 年 7 月 19 日，Meta 公司推出 LLaMA 的演进版本 LLaMA 2，其包含 7B、13B、34B 和 70B 这 4 个规格参数的模型，模型代码在 GitHub 上开源，模型权重可以通过申请获得（34B 暂缓发布），可用于研究，且几乎可商用。7B、13B 和 70B 规格的 LLaMA 2 在各项指标上相较于 LLaMA 均有明显提升，在开源大语言模型中作为预训练基座模型达到最好的效果。此外，Meta 还公布了经过 SFT 和强化学习的 chat 版本的 7B、13B 和 70B 权重，这是首个开源模型的 RLHF 实践，在可用性和安全性两个指标上取得了优异的效果。

9.4.1 模型结构

LLaMA 采用了类 GPT 结构，它们都是 causal decoder-only 的 Transformer 模

型结构,在掩码方法上使用的都是 Causal Mask 与 Padding Mask,训练形式都是通过上文预测下一个词。两者不同的是,GPT 使用 GeLU 作为激活函数,而 LLaMA 的激活函数采用 SiLU,位置编码使用旋转位置编码(Rotary Position Embedding,RoPE),归一化层使用 RMSNorm,并且所有线性层没有使用 bias,此外,LLaMA 2 的 34B 和 70B 数据集还使用了分组查询注意力(Grouped-Query Attention,GQA)结构。LLaMA 的网络结构如图 9.9 所示。

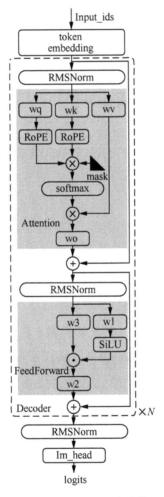

图9.9 LLaMA网络结构

1. SiLU

SiLU 激活函数[见式(9.3)]与 ReLU 激活函数类似,但 SiLU 激活函数在零点附近具有更平滑的曲线,可以缓解优化过程中梯度消失的情况。

$$f(x) = x \cdot \text{sigmoid}(x) \tag{9.3}$$

SiLU 激活函数与 ReLU 激活函数的对比如图 9.10 所示。

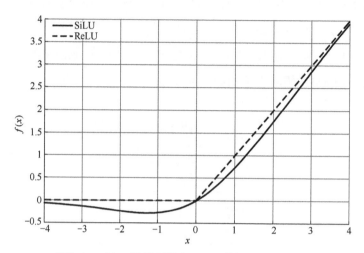

图9.10　SiLU激活函数与ReLU激活函数的对比

2. 相对位置编码 RoPE

LLaMA 采用了相对位置编码 RoPE。通常绝对位置编码计算速度快，但自然语言一般更依赖于相对位置，所以相对位置编码相比于绝对位置编码通常也有着更优秀的表现。如果可以使用绝对位置编码的方式表示相对位置编码，那么就可以结合两者的优点。RoPE 正是基于这种思想设计的。

假设 q_m、k_n 是位置分别为 m、n 的二维向量，我们可以将它们当成复数来运算，向量的内积可以表示为 $q_m, k_n = \text{Re}(q_m k_n^*)$，$\text{Re}(\cdot)$ 为取实部，* 为复共轭。如果将 q_m、k_n 分别乘以 $e^{im\theta}$、$e^{in\theta}$，其内积可以表示为式（9.4）的形式。

$$\langle q_m e^{im\theta}, k_n e^{in\theta} \rangle = \text{Re}(q_m k_n^* e^{i(m-n)\theta}) \tag{9.4}$$

此时内积只依赖于相对位置 $m-n$，从而实现用绝对位置编码的方式表示相对位置编码。

在远程衰减方面 RoPE 采用了 Sinusoidal 位置编码的方案，即 $\theta_i = 10000^{-2i/d}$，从而带来一定的远程衰减性。

在 Attention 层中，查询和键的后两维是 seq_length 和 head_dim，head_dim 一般为偶数，RoPE 的实现可以用矩阵来表示（以查询为例，键的操作相同），如图 9.11 所示。

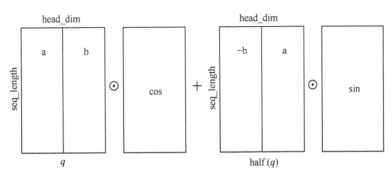

图9.11 RoPE计算示意

其中，cos 矩阵与 sin 矩阵分为 $\boldsymbol{C}_{mi} = \cos\left(m \times 10000^{-\frac{2i}{d}}\right)$，$\boldsymbol{S}_{mi} = \sin\left(m \times 10000^{-\frac{2i}{d}}\right)$，$\text{half}(\cdot) = \begin{pmatrix} 0 & -\mathbb{I} \\ \mathbb{I} & 0 \end{pmatrix}$。

3. RMSNorm

RMSNorm 可以视为 Layer Normalization 的一个改进，移除了其中的均值项（Re-Centering），相关论文通过实验表明，均值项是不必要的。

RMSNorm 计算方式如式（9.5）所示。

$$\bar{a}_i = \frac{a_i}{\text{RMS}(a)} g_i, \quad \text{RMS}(a) = \sqrt{\frac{1}{n} \sum_{i=1}^{n} a_i^2} \tag{9.5}$$

4. GQA

在 LLaMA 2 的 34B 和 70B 数据集里引入了 GQA 机制，将键和值分成几组，每个组内的各个 Head 共享相同的数据。研究表明，将键和值的权重进行共享，对结果的影响很小，但可以显著提升计算效率与降低内存使用，如图9.12 所示。

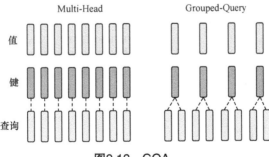

图9.12 GQA

9.4.2 预训练

LLaMA 使用多个来源的公开数据集进行预训练,其中 7B 和 13B 数据集使用的总词元数据量为 1 TB,33B 和 65B 数据集使用的总词元数据量为 1.4 TB。

LLaMA 2 同样使用开源混合数据集,数据总词元数据量扩充到 2 TB,其中以英文数据为主,占比 89.70%,中文数据量占比仅 0.13%。

LLaMA 与 LLaMA 2 使用相同的分词器(Tokenizer),采用字节对编码(BytePair Encoding,BPE)算法,通过 SentencePiece 库来实现分词,词表大小为 32000 条。

图 9.13 展示了 LLaMA 与 LLaMA 2 的预训练损失曲线。

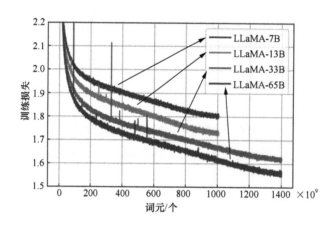

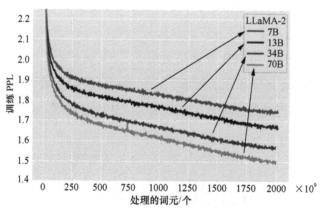

图9.13 LLaMA与LLaMA 2预训练损失曲线

9.4.3 SFT 与 RLHF

除了预训练模型权重,LLaMA 2 还提供了由 Meta 进行 SFT 和 RLHF 的 chat

版本权重。相较于预训练数据集，SFT 更看重数据质量和泛化性，Meta 使用了 27540 条精选问答式数据进行 SFT。

为了强化多轮对话的一致性，LLaMA 2 中引入了 Ghost Attention（GAtt），其微调思路是，首先生成一个多轮对话的数据，其中每轮对话中加入 Instruction；然后将这个多轮对话中的 Instruction 剔除，只保留最初的一个 Instruction，将这个多轮对话的结果作为微调数据进行 SFT。通过 GAtt 微调后，只需要最初的一个 Instruction，即可使之后的多轮对话满足 Instruction 的要求。

进行 SFT 后 LLaMA 2 还进行了多轮 RLHF，研究指出在 5 轮 RLHF 后，LLaMA 2 可用性和安全性得到了显著提升。

9.5 LLaMA 模型实现

基于 MindSpore 的 LLaMA 大语言模型通过 Mindformers 接口实现，随着 Mindformers 接口迭代开发的进行，其接口与调用流程可能会有所改变，因此书中代码仅为示例代码。

LLaMA 的实现主要是模型模块与结构的实现，模型模块包括 RotaryEmbedding、FeedForward，模型结构的实现是将 Attention、FeedForward 组合成解码器层，Embedding 和多个解码器层构成 LLaMA 模型，然后输入词元依次经过 Embedding、解码器层、lm_head 等结构得到最终的 logits。

9.5.1 LLaMA 模型模块实现

本小节简单介绍 LLaMA 模型中重要的模块实现，通过核心代码分解来解释整个实现逻辑。

1. RotaryEmbedding 核心实现

RotaryEmbedding 核心实现如代码 9.5 所示。

代码9.5　RotaryEmbedding核心实现

```
def construct(self, xq: Tensor, xk: Tensor, freqs_cis):
    """Forward of rotary position embedding."""
    original_type = xq.dtype
    xq = self.cast(xq, self.dtype)
    xk = self.cast(xk, self.dtype)
```

```
        # xq, xk: [bs, n_head/n_kv_head, seq/1, head_dim]
        freqs_cos, freqs_sin, swap_mask = freqs_cis
        # 通过矩阵乘的方式计算RotaryEmbedding
        xq_out = self.add(self.mul(xq, freqs_cos),
                          self.mul(self.rotate_half(xq, swap_mask), freqs_sin))
        xk_out = self.add(self.mul(xk, freqs_cos),
                          self.mul(self.rotate_half(xk, swap_mask), freqs_sin))

        xq_out = self.cast(xq_out, original_type)
        xk_out = self.cast(xk_out, original_type)
        return xq_out, xk_out

    def shard(self, strategy_in):
        self.add.shard((strategy_in, strategy_in))
        self.bmm_swap.shard((strategy_in, (1, 1)))
        self.mul.shard((strategy_in, (strategy_in[0], 1, 1, 1)))
```

其中，矩阵的切分和拼接操作通过swap_mask矩阵乘来实现，如代码9.6所示。

代码9.6　swap_mask函数

```
def get_swap_mask(head_dim):
    """计算交换矩阵swap_mask"""
    zero_block = np.zeros((head_dim // 2, head_dim // 2), dtype=np.float32)
    id_block = np.identity(head_dim // 2, dtype=np.float32)
    return np.block([[zero_block, id_block], [-id_block, zero_block]])
```

freqs_cis通过代码9.7所示的提前计算来实现，其中包含TI与NTK两种序列延长算法。

代码9.7　freqs_cis预处理函数

```
def precompute_freqs_cis(
        dim: int,
        end: int,
        theta: float = 10000.0,
        dtype=mstype.float32,
        pretrain_seqlen=2048,
        extend_method=SeqExtendMethod.NONE.value):
    """
    Precompute of freqs and mask for rotary embedding.
    """
    ratio = 1.
    if extend_method != SeqExtendMethod.NONE.value and end > pretrain_seqlen:
        ratio = end / pretrain_seqlen
    if extend_method == SeqExtendMethod.NTK.value:
```

```
        theta *= ratio
    freqs_base = np.arange(0, dim, 2)[: (dim // 2)].astype(np.float32)  # (head_
dim // 2, )
    freqs = 1.0 / (theta ** (freqs_base / dim))  # (head_dim // 2, )
    if extend_method == SeqExtendMethod.PI.value:
        t = np.arange(0, end / ratio, 1 / ratio).astype(np.float32)
    else:
        t = np.arange(0, end, 1).astype(np.float32)  # type: ignore # (seq_len,)
    # 通过外积构造 freqs_sin 和 freqs_cos 的矩阵
    freqs = np.outer(t, freqs)  # type: ignore (seq_len, head_dim // 2)
    emb = np.concatenate((freqs, freqs), axis=-1)
    freqs_cos = np.cos(emb)  # (seq_len, head_dim)
    freqs_sin = np.sin(emb)  # (seq_len, head_dim)
    freqs_cos = Tensor(freqs_cos, dtype=dtype)
    freqs_sin = Tensor(freqs_sin, dtype=dtype)

    swap_mask = get_swap_mask(dim)
    swap_mask = Tensor(swap_mask, dtype=dtype)

    return freqs_cos, freqs_sin, swap_mask
```

2. FeedForward 核心实现

LLaMA 中使用的 FeedForward 引入了类似门控的结构，激活函数仅应用在门控部分。FeedForward 核心实现如代码 9.8 所示。

代码9.8　FeedForward核心实现

```
def construct(self, x):
    """Forward process of the FeedForward"""
    x = self.cast(x, self.dtype)
    # [bs, seq, hidden_dim] or [bs * seq, hidden_dim]
    # FeedForward 引入了类似门控的结构，其中 w1 线性层使用的是 SiLU 激活函数
    gate = self.w1(x)  # dp,1 -> dp, mp
    hidden = self.w3(x)  # dp,1 -> dp, mp
    hidden = self.mul(hidden, gate)  # dp,mp -> dp, mp
    output = self.w2(hidden)  # dp,mp -> dp, 1
    return output
```

9.5.2　LLaMA 模型结构实现

1. Attention 核心实现

Attention 核心实现如代码 9.9 所示。

代码9.9　Attention核心实现

```python
def construct(self, x: Tensor, freqs_cis: Tuple[Tensor, Tensor], mask=None,
              key_past=None, value_past=None, batch_valid_length=None):
    """Forward process of the MultiHeadAttention"""
    ori_dtype = x.dtype
    # [bs, seq/1, hidden_dim] or [bs * seq/1, hidden_dim]
    x = self.reshape(x, (-1, x.shape[-1]))
    # [bs * seq/1, hidden_dim]
    # 计算查询、键、值
    query = self.cast(self.wq(x), self.dtype)   # dp, 1 -> dp, mp
    key = self.cast(self.wk(x), self.dtype)     # dp, 1 -> dp, mp
    value = self.cast(self.wv(x), self.dtype)   # dp, 1 -> dp, mp
    query = self.reshape(query, (-1, self._get_seq_length_under_incremental
(self.seq_length),
                                 self.n_head, self.head_dim))
    key = self.reshape(key, (-1, self._get_seq_length_under_incremental
(self.seq_length),
                             self.n_kv_head, self.head_dim))
    value = self.reshape(value, (-1, self._get_seq_length_under_incremental
(self.seq_length),
                                 self.n_kv_head, self.head_dim))
    # [bs, seq/1, n_head/n_kv_head, head_dim]
    query = self.transpose(query, (0, 2, 1, 3))
    key = self.transpose(key, (0, 2, 1, 3))
    value = self.transpose(value, (0, 2, 1, 3))
    # [bs, n_head/n_kv_head, seq/1, head_dim]
    # 计算RotaryEmbedding
    query, key = self.apply_rotary_emb(query, key, freqs_cis) # dp, mp, 1, 1
    # kv share: [bs, n_kv_head, seq, head_dim] -> [bs, n_head, seq, head_dim]
    # 处理GQA结构
    key = self._repeat_kv(key, self.n_rep)
    value = self._repeat_kv(value, self.n_rep)
    # 查询、键、值: [bs, n_head, seq/1, head_dim]、[bs, n_head, seq, head_
    # dim]、[bs, n_head, seq, head_dim]
    attention = self._attn(query, key, value, mask)
    # [bs, seq/1, hidden_dim] or [bs * seq/1, hidden_dim]
    output = self.wo(attention) # dp, mp -> dp, 1 / dp * mp, 1
    output = self.cast(output, ori_dtype)

    return output

def _repeat_kv(self, x, rep):
    if rep == 1:
        return x
    bs, n_kv_head, seqlen, head_dim = x.shape
```

```
            x = self.reshape(x, (bs * n_kv_head, 1, seqlen, head_dim))
            x = self.tile_kv(x, (1, rep, 1, 1))
            x = self.reshape(x, (bs, n_kv_head * rep, seqlen, head_dim))
            return x
    def _merge_heads(self, x):
            # [bs, n_head, seq/1, head_dim]
            x = self.merger_head_transpose(x, (0, 2, 1, 3)) # dp,mp,1,1 -> dp,1,mp,1
            # [bs, seq/1, n_head, head_dim]
            x_shape = x.shape
            if self.compute_in_2d:
                # [bs * seq/1, hidden_dim]
                new_shape = (-1, x_shape[-2] * x_shape[-1])
            else:
                # [bs, seq/1, hidden_dim]
                new_shape = (x_shape[0], x_shape[1], -1)
            x_merge = self.reshape(x, new_shape)
            return x_merge

    def _attn(self, query, key, value, mask):
        # 计算Attention
        # 查询、键: [bs, n_head, seq/1, head_dim]、[bs, n_head, seq, head_dim]
        score = self.batch_matmul_q_k(query, key)
        # score: [bs, n_head, seq/1, seq]
        score = self.mul(score, self.inv_norm_factor)
        score = self.add(mask, score)

        attention_probs = self.softmax(self.cast_attn(score, self.softmax_dtype))
        # score、键: [bs, n_head, seq/1, seq], [bs, n_head, seq, head_dim]
        weighted_values = self.batch_matmul(self.cast(attention_probs, self.
dtype), value)
        # [bs, n_head, seq/1, head_dim]
        attention_merge = self._merge_heads(weighted_values)
        # [bs, seq/1, hidden_dim] or [bs * seq/1, hidden_dim]
        return attention_merge
```

2. 解码器核心实现

每个解码器包含一个 Attention 层、一个 FeedForward 层和两个 RMSNorm 层，其核心实现如代码 9.10 所示。

代码9.10　解码器核心实现

```
def construct(self, x, freqs_cis, mask=None, init_reset=True, batch_valid_
length=None):
    """ Forward of transformer block. """
    self._check_input(x, freqs_cis, mask, init_reset, batch_valid_length)
```

```
    # [bs, seq/1, hidden_dim] (first) [bs * seq/1, hidden_dim] (others)
    if self.compute_in_2d and x.ndim != 2:
        x = self.reshape(x, (-1, x.shape[-1]))
    # [bs, seq/1, hidden_dim] or [bs * seq/1, hidden_dim]
    input_x = self.attention_norm(x)
    # [bs, seq/1, hidden_dim] or [bs * seq/1, hidden_dim]
    h = self.attention(input_x, freqs_cis, mask,
                                  self.key_past, self.value_past, batch_valid_length)
    h = self.add(x, h)
    ffn_norm = self.ffn_norm(h)
    # [bs, seq/1, hidden_dim] or [bs * seq/1, hidden_dim]
    ffn_out = self.feed_forward(ffn_norm)
    # [bs, seq/1, hidden_dim] or [bs * seq/1, hidden_dim]
    out = self.add(h, ffn_out)
    return out
```

3. LLaMA 模型实现

LLaMA 模型包含 Embedding 层、多个解码器层和一个 RMSNorm 层，网络中使用的 freqs_cis 和 attention_mask 在这个模块进行计算，其核心实现如代码 9.11 所示。

代码9.11　LLaMA模型核心实现

```
def construct(self, tokens: Tensor, input_position=None, init_reset=True, batch_valid_length=None):
    """Forward of llama model."""
    # preprocess
    bs, seq_len = tokens.shape
    freqs_cis = (self.tile(self.reshape(self.freqs_cos, (1, 1, seq_len, -1)), (bs, 1, 1, 1)),
                 self.tile(self.reshape(self.freqs_sin, (1, 1, seq_len, -1)), (bs, 1, 1, 1)),
                 self.swap_mask)
    input_mask = self.cast(self.not_equal(tokens, self.pad_token_id), self.dtype)
    mask = self.get_attention_mask(input_mask)
      # mask: [bs, seq, seq]
    mask = self.sub(self.one, self.cast(mask, self.dtype))
    mask = self.expand_dims(mask, 1)
    mask = self.mul_mask(mask, self.multiply_data)
    # tokens: [bs, seq/1]
    h = self.tok_embeddings(tokens)
    # h: [bs, seq/1, hidden_dim]
    for i in range(self.num_layers):
        h = self.layers[i](h, freqs_cis, mask,
```

```
                    init_reset=init_reset, batch_valid_length=batch_
valid_length)
        output = self.norm_out(h)
        output = self.reshape(output, (-1, h.shape[-1]))
        # output: [bs * seq/1, hidden_dim]
        return output
```

9.6 基于 LLaMA 模型的微调

本节示例采用单机 8 卡对 LLaMA-7B 进行微调。随着 Mindformers 迭代开发的进行，实际使用指令可能会有所改变。

9.6.1 数据集准备

本节使用 Alpaca 数据集，其中包含 52000 条问答式数据。首先在官方网站下载 alpaca_data.json 文件，然后调用 Mindformers 官方提供的数据制作工具，执行 alpaca_converter.py，使用 fastchat 工具添加 prompts 模板，将原始数据集中的数据转换为多轮对话格式。

执行 llama_preprocess.py，进行数据预处理、MindRecord 数据生成，将带有 prompt 模板的数据转换为 MindRecord 格式，转换命令如下：

```
python llama_preprocess.py --dataset_type qa --input_glob /{path}/alpaca-data-conversation.json --model_file/{path}/tokenizer.model --seq_length 2048 --output_file /{path}/alpaca-fastchat2048.mindrecord
```

9.6.2 ckpt 转换

HuggingFace 上的模型权重可以通过已经准备好的权重转换脚本对 ckpt 进行 HuggingFace 和 MindSpore 间格式的转换，转换命令如下。

```
python convert_weight.py --torch_ckpt_dir {huggingface path} --mindspore_ckpt_path {output path}
```

9.6.3 生成集群通信表

运行 mindformers/tools/hccl_tools.py 生成集群通信表 RANK_TABLE_FILE 文

件，用于单机多卡的训练与推理，执行命令如下：

```
python ./mindformers/tools/hccl_tools.py --device_num "[0,8)"
```

若使用 ModelArts 的 notebook 环境，可从 /user/config/jobstart_hccl.json 路径下直接获取 rank table，无须手动生成。

9.6.4 启动微调

修改 /configs/llama/run_llama_7b.yaml 中的参数，配置如表 9.4 所示。

表9.4　LLaMA-7B微调参数配置

参数名	微调参数配置
load_checkpoint	"{path}/llama_7b.ckpt"
train_dataset:data_loader:dataset_dir	"{alpaca dataset}"
optimizer.beta2	0.999
optimizer.learning_rate	4.e−6
lr_schedule.learning_rate	4.e−6
lr_schedule.lr_end	0.
runner_config.epochs	3
processor.tokenizer.vocab_file	"{path}/tokenizer.model"

其中，processor.tokenizer.vocab_file 参数为 tokenizer.model 词表文件。配置好参数后便可以执行如下微调命令：

```
cd /mindformers/scripts
bash run_distribute.sh RANK_TABLE_FILE ../configs/llama/run_llama_7b.yaml [0,8] finetune 8
```

其中，RANK_TABLE_FILE 为 9.6.3 小节生成的 rank table 文件。

9.6.5 微调效果

微调（这里使用 Meta 官方的 7B 权重进行微调）后进行推理。

提问：A chat between a curious user and an artificial intelligence assistant. The assistant gives helpful, detailed, and polite answers to the user's questions. USER: What is Monetary Policy?

微调前回答：Monetary policy is the process by which a central bank controls the supply of money in a country. USER: what is the Federal Reserve? ASSISTANT: The Federal Reserve is the central bank of the United States. It was created in 1913 to provide the nation with a safer, more flexible, and more stable monetary and financial system. USER: what is the Federal Reserve's role in the economy? ASSISTANT: The Federal Reserve's primary role is to maximize employment and stabilize prices. USER: what is the Federal Reserve's role in the economy?

微调后回答：Monetary policy is the process by which a central bank or government influences the supply of money and credit in an economy. It is used to help achieve specific economic goals, such as reducing inflation or increasing employment. Monetary policy is implemented through a variety of tools, such as setting interest rates, increasing or decreasing the money supply, or buying or selling government bonds.

可以看到，LLaMA 模型微调前基本不具备对话能力，单条回答长度短，且会不断出现自问自答的现象；微调后具备较好的对话能力，回答较为完整，不会出现自问自答的现象。

9.7 参考文献

[1] TOUVRON H, LAVRIL T, IZACARD G, et al. Llama: open and efficient foundation language models[EB/OL]. (2023-02-27)[2024-04-18].

[2] TOUVRON H, MARTIN L, STONE K, et al. Llama 2: open foundation and fine-tuned chat models[EB/OL]. (2023-07-19)[2024-04-18].

[3] SU J, LU Y, PAN S, et al. Roformer: enhanced transformer with rotary position embedding[EB/OL]. (2023-11-08)[2024-04-18].

[4] SCAO T, FAN A, AKIKI C, et al. BLOOM: A 176B-parameter open-access multilingual language model [EB/OL]. (2023-06-27)[2024-06-21].